煤沥青改性
石油沥青技术

薛永兵 著

化学工业出版社

·北京·

内 容 简 介

本书主要阐述了采用煤液化沥青和煤沥青作为改性剂，对道路石油沥青进行改性，既提升了道路石油沥青的性能，还实现了资源的再利用。本书是著者多年来的研究成果，在编写时循序渐进，从煤液化沥青、煤沥青和石油沥青的基本概念出发，涵盖了煤液化沥青、煤沥青的制备、表征和煤沥青改性石油沥青等相关实验。全书在夯实读者对煤沥青改性石油沥青技术基础认识与理解的同时，为道路沥青的更广泛应用以及工业化开发提供了一定的指导，具有积极的现实意义。

本书可供从事煤化工、沥青材料研究和生产的科技人员参考，也可作为材料专业、新材料及道路建设、土木工程专业或其他相关专业师生的教学参考书。

图书在版编目（CIP）数据

煤沥青改性石油沥青技术/薛永兵著 . —北京：化学
工业出版社，2021.5
ISBN 978-7-122-38663-2

Ⅰ.①煤… Ⅱ.①薛… Ⅲ.①煤沥青-改性-石油沥青-研究 Ⅳ.①TE626.8

中国版本图书馆 CIP 数据核字（2021）第 042022 号

责任编辑：朱 彤
责任校对：宋 玮　　　　　　　　装帧设计：刘丽华

出版发行：化学工业出版社（北京市东城区青年湖南街 13 号　邮政编码 100011）
印　　装：北京捷迅佳彩印刷有限公司
710mm×1000mm　1/16　印张 10¾　字数 218 千字　2021 年 5 月北京第 1 版第 1 次印刷

购书咨询：010-64518888　　　　　　售后服务：010-64518899
网　　址：http://www.cip.com.cn
凡购买本书，如有缺损质量问题，本社销售中心负责调换。

定　　价：75.00 元　　　　　　　　　　　　　版权所有　违者必究

前言

　　随着人们对道路质量要求的提高，普通沥青已不能适应现代化路面要求，再加上国内生产的沥青由于原油性质的限制，难以满足高等级公路建设的要求，故而通过添加改性剂得到性能良好的改性沥青越来越受到人们的重视。其中，产于特立尼达（Trinidad）湖的 TLA 天然沥青（简称 TLA）因含有多种能促进石油沥青交联聚合的活性基团（羧基、羰基、醛基、萘基等），有效改善了石油沥青的分子排列方式和网状结构，从而增强沥青的内聚力，使其流动性、抗氧化性、黏附性和感温性等均获得明显改善。因此，TLA 被广泛应用于道路石油沥青的改性中，但是 TLA 价格昂贵。

　　还要看到，我国拥有丰富的煤炭资源，合理地应用煤炭资源能充分提高煤炭的利用价值。煤的洁净综合利用通常包括煤的气化、液化以及焦化。煤直接液化过程是煤直接热解加氢的过程，产物中除油品外还会产生大量煤的液化重质产物——煤液化沥青（简称液化沥青）。本书研究了这部分液化沥青的性质及应用。此外，由于煤焦化是以煤为原料，在隔绝空气条件下，加热到950℃左右，所得到的液体产物称为焦油；焦油再进一步蒸馏，除去相对轻组分，剩余的残余物，就是煤沥青。本书也研究了这部分煤沥青的性质及应用。考虑到液化沥青和煤沥青是复杂混合物，经分析其所包含的产物多为芳香结构，含有一定的氧、氮、硫等极性官能团，与 TLA 结构具有一定的相似性，因此本书重点研究了液化沥青和煤沥青代替 TLA 对石油沥青进行改性，以期获得更好的路用性能。

　　本书在编写内容上，从煤沥青和石油沥青基本概念开始，循序渐进，涵盖煤沥青的制备、表征、改性石油沥青等相关实验，书中部分实验数据来自于笔者攻读中国科学院山西煤炭化学研究所博士学位期间的论文。笔者编写的目的主要在于：一方面，夯实对道路沥青基本理论知识的认识与理解；另一方面，为道路沥青的应用以及工业化开发提供指导。本书可供研究改性沥青、煤沥青和石油沥青的人士参考。参与本书工作的还有本课题组的团队成员储一帆、葛泽峰、李丰超、张克穷以及符峰、张雅婕、李韬、丁佳瑛；在编写过程中，还得到了笔者所在单位王远洋教授以及刘振明博士、王潇潇博士的支持和帮助，在此向他们致以衷心感谢！

此外，本书的编写得到了以下专业人员的支持：交通运输部公路科学研究院研究员何敏研究员、曹东伟研究员，深圳海川新材料公司赵普工程师，中国科学院山西煤炭化学研究所研究员黄张根研究员、王志宇研究员等，山西交通科学研究院张宏武高级工程师、王瑞林高级工程师等，太原理工大学煤化工专家凌开成教授、申峻教授等，特此一并表示感谢！

限于笔者的学识水平及时间有限，书中疏漏在所难免，恳请广大读者批评指正。

笔者
2021 年 1 月

目录

4　煤沥青改性石油沥青的路用性能评价 ┈┈┈┈ **134**

5　煤沥青改性石油沥青的实验路应用 ┈┈┈┈┈┈ **151**

1 煤沥青与石油沥青概述

1.1 煤沥青

我国拥有丰富的煤炭资源，新的经济发展战略要求煤化工产品向高端化、精细化方向推进，增加煤化工产品的技术含量与产品附加值。众所周知，煤是由分子量不同、分子结构相似但又不完全相同的一组"相似化合物"组成的、以芳香结构为主体的高分子化合物（聚合物）。煤的结构十分复杂，一般认为它具有聚合物的结构，但又不同于一般的聚合物，它没有统一的聚合单体，如图1-1所示。

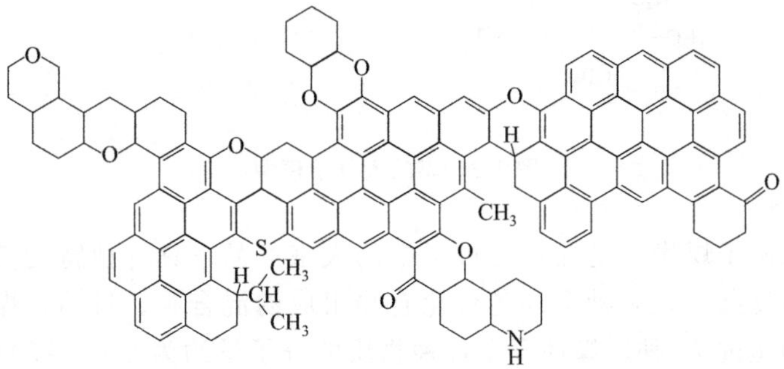

图 1-1 煤的结构

一般而言，煤的有机质大体分为两部分：一部分是以芳香结构为主的环状化合物，称为大分子化合物；另一部分是以链状结构为主的化合物，称为低分子化合物。前者是煤中有机质的主体，一般占煤中有机质含量的90%以上；后者含量较少，主要存在于低煤化程度的煤中。煤的分子结构通常是指煤中大分子芳香族化合物的结构，而煤中低分子化合物已确定的有烃类、含氧化合物和含硫化合物，氮、氧、硫以官能团形式存在。

　　煤的大分子模型如图 1-2 所示，是由多个结构相似的"基本结构单元"通过桥键连接而成的。这种结构单元类似于聚合物的聚合单体，它可分为规则部分和不规则部分。规则部分基本结构单元由几个或十几个苯环、脂环、氢化芳香环及杂环缩聚而成，称为基本结构单元的核或芳香核。不规则部分基本结构单元的缩合环上连接有数量不等的烷基侧链、官能团和桥键。

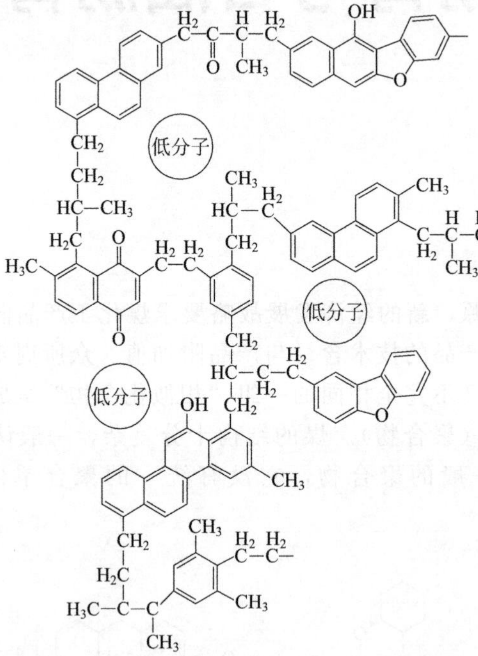

图 1-2　煤的大分子模型

　　煤沥青来源于煤炭，是煤加工过程中的大宗产品，具有独特的芳香结构。其组成成分较为复杂，是多种多环芳烃化合物组成的混合物。目前，煤沥青中已经查明的化合物超过 70 种，煤沥青中各种物质的分子量约为 200～2600；C/H 原子比约为 1.7～1.8。元素组成为 C 占 92%～94%，H 占 3.5%～4.5%，其余为 O、N、S 等。其基本组成单元是多环（三环以上）、稠环芳烃及含氧、氮、硫的杂环衍生物和少量聚合碳。在这些化合物中，约 1/2 带有基团，分为甲基、羰基、酚羟基、亚氨基、巯基和苯基等。

　　由于煤沥青的化学组成非常复杂，在实际中一般用溶剂组分分析法来表达它的化学性质。由于不同组分在芳香化程度、分子结构、性质、组成上存在差异，其在不同溶剂中的溶解程度也就不一样。基于此，应使用不同溶解能力的溶剂对煤沥青进行抽提，将煤沥青分离成几种具有相似理化性质的有机化合物。目前使用更频繁的是用喹啉和甲苯两种溶剂，把沥青划分为 3 种组分，即 α 树脂（喹啉不溶物）、β 树脂（溶于喹啉而不溶于甲苯）和 γ 树脂（溶于甲苯）。煤沥青族组成分析过程如图 1-3 所示。

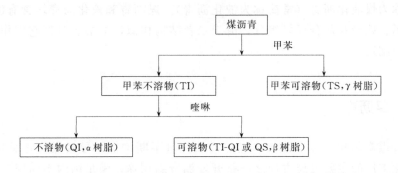

图 1-3　煤沥青族组成分析过程

　　（1）α 树脂　煤沥青中的 α 树脂是其重组分，其分子量约为 1800～2600 左右。α 树脂是由煤中的灰分或其他一些无机类的物质在炼焦时落入煤焦油后形成的，也包括在炼焦时煤发生热解反应或者热解后的产物经过热聚合构成的分子比较大的芳烃。因为 α 树脂表面比较活泼，可以通过吸附在 β 树脂的 γ 树脂（也就是我们通常所说的油分）而形成煤沥青所具有的特殊的胶体结构。α 树脂是煤沥青中所特有的组分，它可以使沥青的黏度增大，因而沥青的针入度也就相应变小。但是，α 树脂可以使沥青的摩擦系数和抗油腐蚀的能力得到提高。

　　（2）β 树脂　煤沥青中的中组分是 β 树脂，其分子量约为 1000～1800，在煤沥青中主要起到黏结的作用。它在常温时以固态形式存在，温度升高时呈熔融态，是一种热可塑性物质。煤沥青的路用性能对 β 树脂有很大依赖，加热后 β 树脂可以熔化并呈流体状态存在，这使石料在搅拌过程中可以与煤沥青紧密结合，在冷却后又能重新凝聚成一体，这样的表现使得路面变得平整。但是，假如 β 树脂含量太多，将会使沥青的脆性增大，建造的路面在低温条件下容易出现裂缝。

　　（3）γ 树脂　γ 树脂是煤沥青中的轻组分，其分子量约为 200～1000。这种组分是一种半流体状态，颜色为黄色，具有一定的黏性。γ 树脂存在于煤沥青中，可以使煤沥青的流动性得到提高，这是因为 γ 树脂可以溶解 α 树脂和 β 树脂。煤沥青中的 γ 树脂含量会影响煤沥青的针入度，γ 树脂含量太低的煤沥青不但不符合路用标准；同时，会使软化点偏高，在实际生产中需要通过提高生产温度来进行弥补，这将会伴随着过多的能源消耗。在进行煤沥青的改性时经常出现沥青与改性剂的分离问题，这二者之间的互溶性可以通过加入 γ 树脂甚至是与其相类似的物质来进行改善。但是，煤沥青中的 γ 树脂含量过高会使其软化点过低，在炎热季节路面出现"泛油"的问题。在面层中存在此种类型的沥青还会出现"黏轮"的问题，导致轮胎打滑，造成不必要的安全事故；与此同时，γ 树脂中还含有具有刺激性气味和致癌性的物质如苯并芘（BaP）等多环芳烃。为了使施工人员的身体免受侵害，同时降低对公路周边生态的污染，煤沥青中的 γ 树脂必须经过脱毒处理后方可投入施工。

煤在液化过程中会产生大量的重质产物（固体副产物），其组分中含有大量的沥青，称为煤液化沥青（常简称为液化沥青）。煤沥青和液化沥青均含有沥青烯、前沥青烯、残炭和灰分等轻组分。由于二者结构相似，本书有时将它们作为一个整体进行阐述。

1.1.1 煤沥青

随着煤炭焦化产业的发展，煤焦油加工量不断增加，导致煤沥青总量过剩。煤焦油化工厂的主要发展方向之一是开发沥青新用途，满足国内不同用户对沥青的要求，使沥青产销平衡。

煤焦化又称煤炭高温干馏，是以煤为原料，在隔绝空气条件下，加热到 950℃ 左右，经高温干馏产生焦炭；同时，可获得煤气、煤焦油并回收其他化工产品的一种煤转化工艺。煤焦化产生的焦炉气，经过氨水喷淋，然后冷凝一段时间后，再经过脱水、脱盐得到的液体产物，称为焦油。焦油再进行进一步蒸馏，除去相对轻组分，如轻油、酚油、萘油、洗油和蒽油等，剩余的残余物就是煤沥青，占焦油的 55%。其主要由三环以上的芳香族化合物，含氧、氮、硫杂环化合物和少量的聚合碳组成；其低分子组分具有结晶性，可形成多种组分共溶混合物。煤沥青的物理性质、化学性质与原始焦油性质和蒸馏条件有关。煤沥青的反应性很高，加热甚至在储存时都能发生聚合反应。

以煤沥青改性道路石油沥青，不仅可以消耗大量的煤沥青，还可以生产出高质量重交通道路沥青，解决我国重交通道路沥青供应不足的矛盾。煤沥青还保留了煤大分子中稳定的宝贵化学资源，即煤的芳香环结构。

煤沥青的主要应用如下。

（1）黏结剂 在碳材料制品的生产过程中，沥青是重要的黏结剂。在电极生产的过程中，粉末固体料的成型离不开优质的沥青黏结剂，而且黏结剂的好坏直接决定了电极的质量。赵世贵等认为软化点高的黏结剂沥青，在焙烧过程中更容易形成碳网晶格，能提高制品的强度，降低电阻率。软化点低的黏结剂沥青有利于各向异性的提高。

（2）浸渍剂 碳材料属于多孔材料，大量气孔的存在必然对碳材料的性能产生影响。为此，对碳材料进行浸渍密实化处理，降低孔隙率和渗透率是提高碳材料制品性能的重要工艺过程。中温沥青是主要的浸渍剂。作为浸渍剂的沥青要求应具有较低的不溶物含量，还要求其具有良好的高温流动性和渗透性，即低黏度，还希望其有尽可能高的结焦残炭值。目前通常采用添加煤焦油或者回配蒽油来制取浸渍沥青。

（3）中间相沥青 中间相沥青是一种介于液相反应物和固体产物之间的新型功能材料。其由平面芳烃大分子平行排列形成一种盘状向列型液晶，是沥青类有机物向固体半焦过渡时的中间液晶状态。煤沥青是制取中间相沥青的主要原料。由于煤沥青具有来源丰富、价格低廉、性能优异和较高的炭产率等特点，中间相沥青的应用得以快速推广。

（4）环氧煤沥青涂料 环氧煤沥青涂料主要有以下特点：①固体含量高，可制成一次干膜厚度大于 $100\mu m$ 的厚涂层；②具有较强的防霉、抗渗、耐水、耐化学腐蚀、耐油性等性能；③涂膜具有优良的力学性能，如硬度高、耐冲击、耐磨及良好的附着力；④涂层价格较低，技术经济综合性能较好，适用场合具有很强的竞争优势；⑤可与各类底漆配套，对未经充分除锈的表面具有良好的润湿性，施工方便。目前，环氧煤沥青涂料主要用于输送油、气、水、热力管道的防腐等。

（5）针状焦 针状焦是制造超高功率石墨电极的重要原料，该类电极具有电阻率低、体积密度大、机械强度高、热膨胀系数小、抗热震性能好等特点。煤系针状焦是以煤焦油馏分油和煤沥青为原料生产所得。目前，煤系针状焦制取的主要方法有真空蒸馏法、M-L 法（两段法）、改质法、溶剂萃取法、离心法等。

（6）沥青基碳纤维 沥青基碳纤维以石油沥青或煤沥青为原料，经沥青的精制、纺丝、预氧化、碳化或石墨化等处理后，得到的含碳量大于 92% 的特种纤维。该类碳纤维不但具有碳材料固有的性能优点，而且兼具纺织纤维的柔韧性和加工性的特点，是一种新型的增强材料。

（7）燃料 煤沥青作为燃料方面的应用主要有：①代替重油，可改善其燃烧性能；②制成煤沥青浆体燃料，其又可分为沥青乳化燃料和硬沥青-水浆。

（8）道路沥青 随着我国基础建设的投资不断提高，特别是高等级公路、市政建设和机场建设的发展，对道路沥青的产量和质量提出了更高要求；改善沥青混合料在高温下的路用性能，需要改善道路沥青的性能，使之能够大幅度提高路面抵抗车辙和推挤变形能力，能承受住重型负载的多次重复作用而导致的疲劳裂缝、老化和结构松散等情况，从而延长路面寿命。

煤沥青中含有一定的苯并芘类化学物质，抑制或减少煤沥青中苯并芘类化学物质无论对煤沥青的应用还是在环保方面都会产生深远影响。我国的张秋民等研究了煤沥青与聚合物的反应，如与苯乙烯-丁二烯-苯乙烯嵌段共聚物（SBS）的反应，与聚乙二醇（PEG）的反应，与古马隆-茚树脂（caumaronindene resin）等进行的反应，在脱除苯并芘类物质研究方面取得一定的进展。波兰学者 J. Zielinski 等研究后发现，煤沥青采用不饱和聚酯树脂、聚乙二醇等聚合物脱除苯并芘类化学物质，在一定条件下，苯并芘类化学物质降低率超过 90%，显示了脱除煤沥青苯并芘类化学物质的可能性。

综上所述，煤沥青作为一种材料无论是在传统行业，还是对于新兴产业都是十分宝贵的资源。由于目前相关的煤沥青制品绝大多数技术含量比较低，存在的问题主要是没有引起足够的重视，研究和开发投入的资金较少，产品的科技含量较低，往往导致直接进行销售比加工还合算的不正常现象。此外，目前煤沥青主要应用于生产电极沥青、浸渍剂沥青、燃料、环氧煤沥青涂料、道路沥青等时，还存在销路不畅和售价不高的现象。因此，提高煤沥青相关产品的附加值和利用效率等问题，应当引起煤焦油企业的普遍重视。根据文献分析，煤沥青在以下几个方面的应用发展前景被逐渐看好。

① 对普通中温沥青进行改质，可生产出高品质的改质沥青，以取代用中温沥青作为黏结剂；采用改质沥青生产出的碳素制品性能极其优越，已广泛地应用于铝产业和钢铁工业。

② 普通煤沥青不能用于混凝土路面铺设，主要是因为在气温低时容易开裂，当温度高时容易软化；考虑到它对砂石结合力较强，抗腐蚀性好和抗老化性较强等特点，在使用前可加入一定量的其他物质就可以生产出质量比较高的道路沥青：一方面可满足沥青需求；另一方面，可以提高煤沥青的利用价值。

③ 在煤沥青中加入一定量的环氧树脂、防锈颜料、助剂、改性胺等其他物质配制成高等级的环氧煤沥青涂料，具有防腐特性，可广泛应用于楼顶防水层以及港口码头、炼油厂等领域。

④ 可配制成煤沥青燃料油，在煤沥青中加入重油降黏，以达到改善其燃烧性能的目的，具有能耗较小、不结炭、无黑烟、燃烧稳定和环境清洁等特点。

1.1.2 煤液化沥青

煤在液化过程中会产生大量的重质产物，其组分中含有大量的沥青，称为煤液化沥青（常简称为液化沥青）。在传统液化过程中，将煤看成为"单一"物质，试图在单一过程中达到尽可能高的油转化率，其苛刻的转化条件实际上是为了"照顾"煤中最难转化或反应性最差的部分，这种"极端"的转化方式是目前煤液化过程投资及成本较高的主要原因。欲使煤液化技术有突破性的进展，应依照煤结构、组成本质及其不同组分的不同反应性等特征，对液化产物的收率实现优化分配控制。这个思路即是煤的"分级转化"。

Liu 和 Yang 在 1998 年提出了"加氢/脱炭并举的部分液化"概念：整个液化过程不以高的油收率作为追求目标，在较温和的条件下进行煤的加氢液化，以同时获取气体、轻质液体、重质液体和固体残渣为目的。以轻质液体提质制取燃料油，重质产物可用于道路沥青、道路沥青改性剂或碳材料的生产；当然富碳的液化残渣也可用来制氢，用于制反应原料氢气。

"加氢/脱炭并举的部分液化"新概念的提出，改变了传统的煤油共处理过程片面追求高油收率的做法，从单纯追求高油收率发展到利用较少的能量输入使煤"解体"，着重于各种产物的综合利用，力图优化整个液化过程，从而实现对煤资源的有效和合理利用。

煤油共处理是煤炭洁净利用的高效方法之一，它起源于煤的直接液化，也可以说是一项新的煤炭液化技术。该技术是将煤和石油渣油同时转变为轻、中质油，并产生少量 $C_1 \sim C_4$ 气体的煤液化方法，是将石油渣油或重油作为煤液化的溶剂，在得到高的煤转化率的同时提供油渣油或重油的方法。共处理过程的本质必然涉及煤的裂解、加氢和石油渣油或重油的加氢提质，但由于煤和石油渣油或重油会发生相互作用，因此它们又不是单独的裂解、加氢过程，它是两种工艺的结合和发展。

目前国内对煤液化沥青的应用研究较少，本书试图通过以煤液化沥青改性道路石油沥青，一方面能缓解目前所出现的道路问题，另一方面能够实现资源的有效合理利用。此外，书中提到的煤液化沥青（常简称为液化沥青）由于是煤与催化裂化油浆（fluid catalytic cracking slurry，简称 FCCS）共处理反应所得的重质产物，故液化沥青有时也被称为共处理重质产物（asphalt modifier of the heavy products by co-processing coal and slurry，简称 CSA）。

1.2 石油沥青

石油沥青是原油蒸馏后的残渣，根据提炼程度的不同，在常温下呈液态、半固态或固态。石油沥青黑而有光泽，具有较高的感温性。由于越来越多的石油沥青被用于基质沥青改性，因而石油沥青有时也被称为基质沥青。

1.2.1 石油沥青的来源

石油沥青的来源主要是氧化石油沥青。

氧化石油沥青是用含有沥青的减压渣油或丙烷脱沥青所得的粗沥青，在一定温度下通入空气氧化，使胶质和沥青质进行缩合反应以改进沥青组成，最后成型。

对于石油轻馏分油来讲，元素组成数据不是十分重要，但对石油沥青来讲是十分重要的基本数据，通过 C/H 原子比可以判断沥青的芳香缩合程度，进而进行性能方面的分析。在石油沥青中，碳与氢的含量最多，约占 95%，C/H 原子比约在 1.4~1.6 之间。

石油沥青中除了上述碳与氢元素之外，还包含一些微量有机元素，即杂原子，如 S、N 等含量在 5% 左右，最高为 14%。虽然杂原子比例小，但是煤沥青中大多数分子都是由杂原子组成的。

1.2.2 石油沥青的胶体结构

石油沥青是胶体体系这一结论最早于1924年就被Nellensteyn提出，并观察到石油沥青的Tyndall效应和沥青质胶粒的布朗运动。随着科技进步和石油沥青胶体理论的不断完善，现在普遍认为的观点是：大多数沥青都是由分子量较大、芳香分较高的沥青质分散在较低分子量的可溶质中组成的胶体溶液。按照族组成分析法，石油沥青中数万种化合物均可以分为四大类：饱和分、芳香分、胶质和沥青质。但从微观的角度来看，这四类物质并不是均匀分布的。沥青质一般由富集杂元素的稠环芳烃组成，是分子量较大、极性较强的组分。由于其强极性，因此会在周围吸附极性稍弱的胶质，生成大的胶团。有时一些胶团又会由于分子间的范德瓦耳斯力发生聚合或团聚生成更大的团簇。这些胶团或团簇就是沥青胶体的分散相，分散在极性较弱，甚至没有极性的芳香分和饱和分中，这样就组成了沥青的分散体系。

沥青质分子对极性较大的胶质分子所具有的强吸附力场是形成该分散系统的基础。没有极性很强的沥青质中心，就不能形成胶团或团簇核心；同样，若没有极性稍弱的胶质吸附在沥青质周围，而对其产生胶溶作用，也不会生成稳定的分散溶液，沥青质就容易从溶液中沉淀分离出来。只有当沥青质和可溶质的相对含量及性质相匹配时，整个体系才处于稳定状态。

石油沥青按照胶体状态的不同，可以分为溶胶型沥青、凝胶型沥青和溶凝胶沥青，不同结构有不同的路用性能，以下简要进行论述。

(1) 溶胶型沥青 当沥青质含量不多时（例如10%以下），分子量也不是很大；与胶质的分子量相似时，这样的沥青实际上可视为真溶液或分散度非常高的近似真溶液。这种溶液具有牛顿液体的性质，即黏度与应力成比例。此时沥青的黏附力主要是由于范德瓦耳斯力和偶极力引起的。在低温时，它们一般不会出现坚固的内部网络结构，流动性的减小仅仅是由于黏度的增大；在高温时它们成为低黏度的流体，冷却时变为固体而不存在稠化或玻璃化等中间状态；它们对温度的变化很敏感，在沥青的分子中没有分子量很大或很小的物质，即分子量的分布范围较窄，分散相与分散介质的化学组成及性质比较接近。

该类结构的特点是胶团均匀分散在饱和分或芳香分中，胶团间没有吸引力或很小的吸引力，变形时应变量与变形速率成直线关系，弹性效应小。在路面上使用时，开裂后自愈能力较强；但感温性强，温度过高时会流淌，路用效果较差。

(2) 凝胶型沥青 当沥青质的浓度较大，可溶质没有足够的芳香分时，导致分散介质的溶解能力不强，生成的胶团较大；或由于分子的聚集而生成网络结构，表现出非牛顿流体的性质。该类结构的特点是胶团拥挤，之间的相互移动较困难，形成不规则空间网络结构。在路面上使用的特点是其耐热性和弹性较好，具有触变性，低温塑性较差，黏结性和开裂后的自愈能力较差。氧化石油沥青多数为凝胶型沥青。

（3）溶凝胶沥青　这是介于溶胶型沥青和凝胶型沥青之间的结构。这种结构不如凝胶结构中的沥青质含量高，因此胶团靠拢接触时，相互间有一定的吸引作用，将它们分开时需要一定的外力，但不如分开凝胶结构所需的外力大。由于沥青质数量不算多，又有足够的胶质作为保护物质，胶团仍悬浮在油质中。该类沥青是道路应用中较为理想的沥青，具有黏弹性和触变性。

沥青在改性时，主要通过改性剂与基质沥青发生相互作用，从而使基质沥青的化学组成、物理化学性质和胶体结构性质发生改变，从而达到改善基质沥青性能的目的。由于只有溶凝胶沥青具有良好的路用性能，因此一般改性道路沥青都符合溶凝胶胶体体系。

1.2.3　石油沥青改性剂

聚合物作为道路沥青改性剂不仅可以提高沥青的软化点、改善沥青的低温柔韧性、降低针入度以及提高延度、增强抗老化性，使沥青产生可逆的弹性变形，从而改善沥青的路用性能，而且还可以利用废弃的聚合物，如废塑料、废橡胶等。废弃聚合物用作道路沥青改性剂时，既节约了资源，又保护了环境。

1.2.3.1　聚合物改性剂的种类

可作为沥青改性剂的聚合物一般分为橡胶类和树脂类。普遍认为橡胶类改性剂对提高基质沥青的低温抗裂性有明显效果，树脂类改性剂对提高基质沥青的高温稳定性比较明显，而属于树脂类中的热塑性弹性体兼有橡胶类的性质（也称为橡胶树脂类），能使基质沥青的高温、低温稳定性同时得到明显改善。

常用的橡胶类化合物包括天然橡胶（NR）、丁苯橡胶（SBR）、聚氯丁二烯（CR）、聚丁二烯（BR）、苯乙烯异戊二烯嵌段共聚物等。对于硫化橡胶，必须再生后才可用作改性剂，即通过高温使硫化橡胶发生氧化、解聚等作用，使橡胶分子的网状结构受到一定程度的破坏，变成小的立体网状结构，去掉了硫化胶的弹性，恢复其塑性和黏性。常用的树脂可分为热塑性树脂和热固性树脂。热塑性树脂有乙烯-乙酸乙烯酯共聚物（EVA）、聚乙烯（PE）、聚丙烯（PP）、聚苯乙烯（EPS）、聚氯乙烯、聚醋酸乙烯酯（PVAc）等；热固性树脂有环氧树脂、酚醛树脂等。常用的橡胶树脂类有苯乙烯-丁二烯-苯乙烯嵌段共聚物（SBS）等，该类物质也常被合并在树脂类化合物中。

1.2.3.2　聚合物改性剂对石油沥青的改性机理

所谓改性机理是指改性剂聚合物对基质沥青的化学组成、物理化学性质和胶体结构性质的作用原理。由于条件限制，到目前尚没有完全统一的认识，但随着检测手段的不断提高，对聚合物改性机理的认识也将逐步深入，下面进行简要总结。

（1）橡胶的改性机理　橡胶同沥青结构有相似性，均可认为是一种网状聚合物，在网状结构中含有一定量的油分。橡胶一般具有如下物理性能：高的温度稳定性，高弹性，高机械强度和高黏附性，而且具有路面施工的可行性。

橡胶改性道路沥青的本质可认为是橡胶首先分散于沥青中，然后沥青中饱和烃、芳香烃与橡胶结构单元中的烷烃结构、芳香结构发生相互作用，使橡胶的链结构在沥青中溶胀、延展，从而使沥青具有高分子材料的性质，最终改善沥青的路用性能。

Colfof 提出橡胶改性的机理是：掺入沥青的橡胶一部分被油分溶解，但沥青质不发生任何变化。由于沥青中油分溶解了橡胶而黏性增加，硬度提高，从而使整个沥青的硬度都得到提高。当沥青中含有大量溶解油分时，能将橡胶溶解，当溶解了的橡胶体积大于沥青的体积时，则橡胶变成溶剂，沥青变为溶质，引起了溶质与溶剂的互相转换现象。杨建丽等用共炼的方法制得废旧轮胎改性剂，加入基质沥青中，发现沥青的三大指标（针入度、延度、软化点）均得到不同程度的改善；同时，发现使用共炼的方法制得的改性剂在基质沥青中的分散性很好，橡胶以大分子团簇形式均匀分散于沥青中，从而使沥青的性质得到改善。Akmal 等通过对沥青及改性沥青的流体性能、化学性质及对橡胶可溶物、不溶物等的测试，研究了轮胎胶粉改性剂与沥青的相互作用，发现混合的温度、时间、速率以及胶粉粒度是影响胶粉解聚速率的关键因素，通过适当控制制备条件，可制得均匀和在沥青黏弹性、低温弹塑性等方面均得到改善的改性沥青。吴少鹏等通过电镜照片、颗粒分布、红外光谱研究了橡胶-沥青的改性机理，认为橡胶改性沥青以单相连续结构存在，整个改性体系呈"海岛型"结构，掺量增大，橡胶颗粒密度增大；改性沥青体系中无化学作用发生，只是部分发生混溶或溶胀。Billiter 等研究发现：当橡胶薄片与沥青混合后，橡胶颗粒吸收沥青中的油分（相对小分子）使橡胶溶胀；而体系中的油分减少，沥青质相对增多使沥青软化点升高。

（2）树脂的改性机理　树脂类改性剂中的热塑性弹性体因为兼有橡胶类的性质，能同时改善基质沥青的高温、低温稳定性而得到广泛应用。工业上最常用的有 EVA 树脂、EPS 树脂、SBS 树脂，EVA 是乙烯与乙酸乙烯酯在有催化剂时形成的共聚物，是具有一定弹性的热塑性树脂；EPS 是苯乙烯聚合物；SBS 是苯乙烯-丁二烯-苯乙烯嵌段共聚物。这些树脂的橡胶态温度域宽广，超过沥青路面的工作温度范围，因此该改性剂在沥青改性中占有重要地位。

树脂的改性机理可以认为是树脂加入沥青中后，在热和机械力的作用下，聚合物以粒状、微丝状分散在沥青中，形成部分交联的弹性网络结构，限制了沥青胶体的流动性，因而提高了沥青的黏度，改善沥青的高温变形特征，增加其抵抗外来载荷的能力。

刘治军等考察了 EPS 对沥青改性的作用。通过电子显微镜观察发现，EPS 颗粒发生溶胀而嵌入沥青中，在 EPS 与沥青"缠绕力"的作用下，形成相互嵌挤的状态。EPS 的加入，增加了蜡在沥青中的溶解性，又使沥青的芳香度增加，从而防止或减少了蜡的析出，致使沥青延度大幅度增加。张秀花等在研究低密度聚乙烯改性沥青机理时，发现聚乙烯与沥青混溶改性以物理改性为主。聚乙烯先吸收沥青中低分子物质而溶胀，使体积增大，然后在热和机械力的作用下以一定的状态分散于沥青中。该聚合物以粒状、微丝状分散在沥青中，形成部分交联结构，限制了沥青胶体的流动性，因而提高沥青的黏度和高温抗变形特征，增加其抵抗外载荷的能力。Lu 等认为聚合物 SBS 改善沥青的感温性和黏度的机理是：聚合物在沥青中形成一个弹性网络结构，这种结构具有理想的弹性、塑性和延伸性，但只有当沥青中的油分使聚合物充分溶胀时才能形成连续的网络。应该指出的是：聚合物的加入会引起沥青油分的流动，致使沥青胶体结构失去平衡，影响沥青中芳烃、胶质、沥青质的相溶性，从而导致部分沥青质絮凝。Usmani 用 SBS 与聚烯烃分别改性沥青，发现 SBS 与聚烯烃和沥青的作用不同，SBS 可与沥青混溶，其中苯乙烯与沥青相互连接，丁二烯链则环绕沥青微粒并将沥青微粒包围起来；聚烯烃在 125℃后才可溶于沥青中；而且如果发现聚烯烃完全溶解于沥青中，则改性效果较小，呈融化或固态分散的聚烯烃改性效果较好，此时聚烯烃链靠分子间力在体系中延展、缠绕并最终包围沥青微粒。

Ali 等用聚乙烯、聚丙烯、SBS 分别对沥青进行改性，得到的结果有所不同，他们认为分子大小分布的变化是沥青物理性质发生变化的主要原因。原健安以 SBR、SBS、EVA 为改性剂，用示差扫描量热法（DSC）对改性前后的沥青进行了分析比较，发现经过改性后沥青的 DSC 图与改性前沥青的 DSC 图有明显不同；改性沥青的吸热峰比改性前沥青的吸热峰面积减小，曲线相对平坦。他认为这是由于在改性过程中通过改性剂的掺入及机械共混作用，使沥青中结晶性组分的存在形式、数量以及组分的相转化方式发生了变化，同时也改变了部分组分的熔融温度，引起沥青微观结构的改变。所以，他认为改性过程不仅是一个嵌入共混的改性过程，同时也是沥青自身性质的改善。

1.2.3.3 聚合物改性剂在改性中的问题

经过聚合物改性后的沥青使用性能得到极大改善，包括高温抗车辙性能、低温抗开裂性能等。但是，聚合物改性剂在与基质沥青调配后不易稳定储存，在储存过程中改性剂容易离析，温度越高，离析越严重；而沥青铺路最佳的方法是采用沥青混凝土。沥青混凝土必须经过高温拌制，因此聚合物改性剂大多是在铺路现场拌和后直接使用。经过分析后认为是由于改性剂与基质沥青性质相差较大，化学结构不同，互溶性太差所致，这在一定程度上限制了聚合物改性剂的应用。

1.3 煤沥青改性石油沥青研究概况

20世纪初，德国就有学者利用中温煤沥青作为研究原料，以蒽油回配得到路用焦油。但是，由于历史原因以及当时的需求量较大等，最主要的原因是在这种筑路材料不能解决沥青温度敏感性的问题，随后其逐渐淡出历史舞台。

20世纪60年代，以石油沥青为主的煤-石油基沥青成为煤沥青改性石油沥青的雏形，其最早是在英国生产的，随后流传到德国、波兰、法国等欧洲国家，并于1973年形成了一套关于混合沥青的标准，如表1-1所示。

表1-1 混合沥青技术指标

性能	德国沥青	波兰沥青
沥青百分比/%	75	78.8
针入度(25℃)/0.1mm	78	98
针入度指数(PI)	−1.04	−0.91
软化点值/℃	47	44
脆性温度/℃	—	−16
延度(25℃)/cm	100	>100
甲苯不溶物/%	—	2.9
163℃老化实验后		
针入度(25℃)/0.1mm	34	44
软化点值/℃	56	56
延度(25℃)/cm	50	22

20世纪80年代初德国开始对混合沥青生产的研究，采用的调配比例为25%的煤沥青材料以及75%的石油沥青材料，在原料预处理方面使用高沸点的蒽油软化煤沥青。随后这种混合沥青被应用于筑路工程方面，4年间共铺设72条沥青道路，筑路总面积达到90万平方米。实验证明，该混合沥青使得路面性能得到大幅改善，不仅使路面的抗变形能力得到提高，耐磨性增强，更主要的是使行车的安全性大幅提高，尤其是在下雨天，摩擦性能表现更为明显。在法国筑路实践中，应用混合沥青铺筑的高速公路路面的使用寿命得到了大幅延长，能延长至15年左右。

我国学者也非常关注混合沥青的应用前景，并对其展开了研究。笔者所在课题组长期从事混合沥青方面的研究，从工艺条件等方面进行了实验。赵普研究了混合沥青的制备工艺条件对混合沥青性能的影响，包括制备温度、搅拌类型、搅拌时间、煤沥青颗粒度以及煤沥青添加量等的影响。李丰超研究了混合沥青的路用性能规律性变化、特点及作用机理，为煤沥青作为石油沥青改性剂在实体工程的推广与应用提供技术依据。张克穷通过煤沥青和SBS对石油沥青进行复合改性，期望获得最优的掺加比和颗粒度。笔者课题组还与交通运输部科学研究院联合进行了实验研究。曹东伟等在赵普的研究基础上，又进行了混合沥青抗老化性能以及沥青流变性能的研究。张秋民等对混合沥青进行研究并分析其中的改性机理，研究发现在改性过程中原料沥青之间发生了复杂变化，并且沥青质含量决定混合沥青的流动性能。本书所述内容是通过在高压釜中对煤与催化裂化油浆（fluid catalytic cracking slurry，FCCS）进行热解，利用热解产物与石油沥青进行改性研究，制备得到的混合沥青完全满足 ASTM 标准和 BSI 标准，并对制备工艺进行了探讨。

2 煤沥青与石油沥青的制备

由于煤沥青和石油沥青已经具有成熟的工业化生产工艺，其制备工艺不再进行详细叙述。本章主要介绍液化沥青的制备与表征。

2.1 煤沥青的制备技术

煤焦油静止脱水时，采用碳酸钠脱盐，再用泵将煤焦油打入管式加热炉高温加热，然后进入蒸发器脱水；塔顶蒸出轻油蒸气经冷凝器进入油水分离器进行油水分离，塔底脱水后的煤焦油流入无水焦油槽。煤焦油被泵打入管式加热炉的辐射段加热，进入二次蒸发器，煤焦油中的轻质馏分立即被蒸发进入分馏塔，经过分级、收集，依次得到轻油、酚油、萘油、洗油、蒽油，塔底则得到煤沥青。根据软化点的不同，我国焦化企业生产的 4 种煤沥青，主要规格如下。

(1) 低温煤沥青（常简称低温沥青），即软沥青 环球法软化点为 35～75℃。

(2) 中温煤沥青（常简称中温沥青） 环球法软化点为 75～95℃。

(3) 高温煤沥青（常简称高温沥青），即硬沥青 环球法软化点为 95～120℃。此外，根据用户要求，焦化厂可生产软化点为 120～250℃的特高温沥青。

(4) 改质煤沥青（常简称改质沥青） 普通煤沥青的改质技术是指沥青经热聚合处理，使一部分 β 树脂转化为 α 树脂，另一部分 γ 树脂转化为 β 树脂，从而获得软化点为 100～120℃的 β 树脂（其质量分数大于 18%），以及质量分数为 6%～15% 的 α 树脂。20 世纪 70 年代以后，欧美发达国家开始大量生产改质沥青取代普通中温沥青，以满足碳材料制品工业的需要。改质处理时可采用多种工艺路线，如热聚法、化学催化法、闪蒸法以及空气氧化法等。

高温沥青含有较多的有毒物质，但是这方面的处理难度较大，国内大多数研究实际上尚处于实验室研究阶段。低温沥青虽然含多环芳烃等有毒致癌物很少，但是其胶质含量也较少，需要添加更多的改性剂，且低温沥青组分萘及不饱和成分含量高，致使改性后的煤沥青稳定性和抗老化性很难得到解决，路面易产生裂缝，难以满足道路施工的要求，故其应用较少；中温沥青，无论是从胶质含量还是软化点等方面，更接近于道路沥青的应用性能。但是，其改性后得到的道路沥青产品存在有毒气体，以及其低温性能仍不能满足道路施工的规范要求等。因此，还需要经去除毒性及提高路用性能等进行多次改性。

本书选用中温沥青改性，原料来自两家大型煤焦化集团，分别记为 CTP-1 和 CTP-2。本书还采用环球法测定样品软化点，根据中温沥青质量标准，其软化点应为 75~90℃。两种中温沥青的基本性能和组分分析分别见表 2-1 和表 2-2。

表 2-1 中温沥青的基本性能

类别	CTP-1	CTP-2
针入度(25℃)/0.1mm	5.3	4.4
延度(25℃)/cm	<0.01	<0.01
软化点/℃	80.1	79.8

表 2-2 中温沥青的组分分析

组分	CTP-1	CTP-2
甲苯可溶/%	74.9	79.22
THF可溶/%	86.1	90.76
饱和分/%	2.91	2.82
芳香分/%	15.40	18.96
树脂/%	32.93	31.45
沥青质/%	25	24.78
不溶物/%	23.76	21.99

2.2 石油沥青的制备技术

石油沥青的生产技术主要包括蒸馏法、溶剂法、氧化法、调和法以及这4种工艺之间的组合。

（1）蒸馏法 蒸馏法生产石油沥青是通过减压蒸馏实现的，对于重质原油，其密度越大，减压要求的真空度就越大。

生产技术：采用塔式蒸馏法将原油各馏分经气化、冷凝，得到汽油、煤油、柴油和蜡油等轻质产品，馏分从分馏塔顶部和侧线分别抽出；与此同时，原油中所含高沸点组分经浓缩而得到石油沥青。

生产特点：蒸馏法是加工最简便、生产成本最低的一种方法，沥青总产量的70%～80%都是采用蒸馏法生产的，采用蒸馏法直接得到的沥青大部分都是用于铺筑道路。

(2) 溶剂法　溶剂法脱沥青主要是指炼油厂中广泛使用的丙烷脱沥青工艺，所使用的溶剂主要是丙烷、丁烷，也有少数采用戊烷。

生产技术：利用非极性的低分子烷烃溶剂对渣油中各个组分的溶解度不同，实现组分的分离，从渣油中分离出富含饱和烃和芳烃的脱沥青油；同时，得到含胶质和沥青质的浓缩物。前者的残炭值低、重金属含量小，可以作为催化裂化或润滑油生产的原料；后者通过调和、氧化等方法，可以生产出各种规格的道路沥青和建筑沥青。

生产特点：能耗较小，目前溶剂法已成为生产沥青的主要手段。

(3) 氧化法　沥青氧化是一个复杂的非均相反应体系，工业上的沥青氧化塔大都采用空气鼓泡式氧化塔。

生产技术：将软化点、针入度及温度敏感性大的减压渣油或溶剂脱油沥青或它们的调和物，在一定温度条件下通入空气，使其组成发生变化，宏观表现为软化点升高，针入度及温度敏感度减小，以达到石油沥青所需的性能要求。

生产特点：适用于生产某些要求针入度指数较高或要求弹塑性大的石油沥青。

(4) 调和法　调和法是指按沥青质量或胶体结构的要求调整沥青组分之间比例的方法，以得到能够满足要求的石油沥青。

生产技术：首先生产出软、硬两种沥青组分，然后按沥青质量或胶体结构的要求调整构成沥青组分之间的比例，得到能够满足使用要求的产品；所使用的原料组分既可以是采用同一种原油而由不同加工方法所得到的中间产品，也可以是不同原油加工所得到的中间产品。

生产特点：使生产受油源约束程度降低，扩大原料来源，增加生产的灵活性，更有利于提高沥青的质量；调和均匀并且配比精确是保证调和沥青质量的关键。

本书提到的石油沥青（即基质沥青）制备选用炼油厂 70# 沥青、90# 沥青、110# 沥青，其性质分析及经薄膜烘箱老化实验（thin film oven test）后，石油沥青的分析数据见表 2-3。

改性实验选用茂名石化生产的 90# 沥青（记为 PA-1）以及产于新疆克拉玛依的 90# 沥青（记为 PA-2），茂名和克拉玛依 90# 沥青的性能和组分分别见表 2-4 和表 2-5。

表 2-3　石油沥青的分析数据

沥青	软化点/℃	针入度(25℃)/0.1mm	延度(15℃)/cm	闪点/℃
70# 沥青	47.2	70	>150	>230
90# 沥青	44.2	95	>150	>230
110# 沥青	41.0	103	>150	>230

沥青	软化点/℃	针入度(25℃)/0.1mm	延度(15℃)/cm	闪点/℃
经过薄膜烘箱后				
70#沥青	52.0	74.28	>150	0.166
90#沥青	48.7	60	>150	0.100
110#沥青	46.0	53.40	>150	0.215

表2-4 茂名和克拉玛依90#沥青的性能

类别	标准	PA-1	PA-2
针入度(25℃)/0.1mm	80~100	88.4	91.2
延度(25℃)/cm	>100	>140	>140
软化点/℃	≥43	50.1	49.6
闪点/℃	≥235	>240	>240

表2-5 茂名和克拉玛依90#沥青的组分

组分	标准	PA-1	PA-2
饱和分/%	12~47	45.33	45.41
芳香分/%	15~32	17.39	16.37
树脂/%	20~40	28.87	29.16
沥青质/%	>8	8.41	9.06
经过薄膜烘箱后			
质量损失/%	±0.8	0.682	
通过率/%	≥57	63	
软化点增量/℃	≥8	16.65	

2.3 液化沥青的生产制备及结果分析

煤与油浆共处理是典型的第三代煤直接液化新工艺。液化沥青是煤液化工艺技术的副产物,但是它的性质差别较大,既与反应条件有关,也受原料组成的影响。本书所分析的液化沥青主要是指煤与油浆共处理的重质产物。由于液化沥青的性质差异大,正好与改性石油沥青所需不同的改性剂相适应,可以通过控制反应条件调配出与石油沥青相匹配的改性剂。

通过煤与一种催化裂化油浆共处理可得到性质均匀稳定、流变性好的沥青产品。该产品满足国家高等级道路沥青针入度、软化点和延度标准,因此有可能应用于高等级公路建设中。催化裂化油浆是重油催化裂化装置的副产品。由于其含有重金属元素及易缩合的组分,常被认为是劣质渣油,目前除少量用作延迟焦化原料外,主要用于燃烧,尚没有更好的利用途径。如何减少对油浆的直接燃烧,转而进行深加工制取轻质油品和其他化工原料或沥青材料等,是我国石化企业所面临的一个重要挑战。由于煤炭的大分子结构能吸附这些有毒重金属，从而能抑制它们对反应催化剂的毒害，而且油浆中的部分重金属可能是煤热转化的催化剂，能够促进煤粒的热裂解。此外，油浆中有高含量的芳香分物质，它们能很好地分散煤粒和煤自由基，有利于促进氢原子的传递，使煤与油浆共处理时具有明显的协同作用。但是，目前煤与油浆的共处理研究主要用于获得轻质油品，为了获得高的油收率，反应条件相对苛刻，使得反应成本较高，对设备的要求也较为苛刻。

结合我国对煤炭洁净利用的要求和对高等级道路沥青的迫切需要，发展煤油浆共处理技术，具有重要的理论和现实意义。但由于 FCCS（催化裂化油浆）受催化裂化原料及工艺的影响，其油浆组成性质差异很大，采用何种性质的油浆与煤共处理以制得流变性好的胶体体系，以及油浆与煤之间的匹配性如何还需要进一步分析和研究。

由于共处理重质产物的复杂性，需要先对重质产物中的沥青进行研究。因此，在本章中选择了 4 种 FCCS 样品，通过对煤与 4 种 FCCS 样品在一定条件下共处理反应的研究，考察了煤油浆比例、反应温度对共处理转化率及转化产物产率的影响，并通过对沥青性质的分析，主要讨论了煤与油浆的匹配性，以及反应条件下的重质产物，尤其是沥青的形成特征。

2.3.1　制备原料

根据本书所需研究目的及内容，本章实验选用了 1 种煤样、4 种催化裂化油浆作为共处理反应原料。在共处理实验时，采用了 1L 反应器、50L 反应器。前者用于共处理原料及反应工艺条件的优化，后者用于液化沥青，即共处理改性剂的制备。

2.3.1.1　担载催化剂煤样的制备

本研究将共处理反应用催化剂担载于煤上，使用的催化剂分为 Fe 系或 Mo 系。

催化剂的担载方法为：先称取一定量的煤，按照催化剂量（计算）称取一定质量的铁系物质或钼酸胺，分别称取对应的尿素或硫化钠，再分别配成饱和溶液加入煤中；然后将混合物在氮气保护下、于 80~90℃ 真空干燥，即得到担载催化剂的煤样，密封保存。详细担载方法可参见相关文献。

2.3.1.2　催化裂化油浆的选取

本研究选择了 4 种性质不同的催化裂化油浆的样品，分别标记为 FCCS1、FCCS2、FCCS3 和 FCCS4，它们的组成见表 2-6。

表 2-6 催化裂化油浆元素及族组成

组分\样品	C/%	H/%	O/%	N/%	S/%	芳香分/%	树脂/%	沥青质/%
FCCS1	88.92	8.12	1.50	0.32	1.14	60.40	27.30	4.20
FCCS2	87.81	9.34	0.36	0.41	0.96	36.82	18.24	5.58
FCCS3	85.33	10.88	0.48	0.25	0.96	35.00	33.38	21.55
FCCS4	88.97	8.12	1.08	0.48	1.35	65.70	18.70	8.90

2.3.1.3 其他原料的性质

（1）反应气体 反应气体采用 H_2 和 N_2，购自太原钢铁公司，纯度＞99％，钢瓶压力＞11.0MPa。

（2）催化剂 实验用催化剂前驱体硫酸亚铁、氯化铁、尿素、硫化钠和钼酸铵均为化学纯。

（3）溶剂 分析使用的溶剂全部为分析纯，萃取分离实验使用的溶剂是四氢呋喃，采用前精馏方法，而甲苯为分析纯。萃取过程蒸馏出的溶剂，经分子筛吸水后再进行精馏回收。实验证明，回收溶剂对实验结果无影响，因此萃取过程也可使用回收溶剂。

2.3.2 高压釜中的反应过程及产物分离

本实验考察了两种反应器对反应的影响，分别是 1L 高压釜和放大的 50L 高压釜。

2.3.2.1 1L 高压釜

煤与催化裂化油浆在 1L 高压釜中的共处理采用间歇操作。1L 高压釜示意如图 2-1。在常温、常压条件下于反应釜中加入一定比例的煤和渣油，总加样量为 100g，拧紧反应釜螺栓，密封。经过 3 次氢气置换吹扫后，在室温下加压至所需压力，开始升温，搅拌速度为 400r/min。升温约 1h 至反应温度后，计时恒温；到达设计反应时间后，关闭并移走加热装置，用电扇吹风强制冷却反应器 2h；然后打开反应釜顶部阀门，缓慢放出气体至常压后，用约 1000mL THF（四氢呋喃）将产物从釜中转移出来。

清洗出的产物在 THF 中常温浸泡过夜后，煮沸回流 2h，然后冷却过滤。分离出的 THF 不溶物为残渣（简记为 THFS），THF 可溶物由旋转蒸发仪回收 THF 后，再加入约 500mL 甲苯常温浸泡过夜后，煮沸回流 2h，冷却过滤。甲苯不溶物为前沥青烯（简记为 PA）。残渣和前沥青烯经干燥（120℃，以氮气缓慢吹扫，烘箱中干燥 12h）后称重，用以计算 THF 转化率（THF conversion，简记为

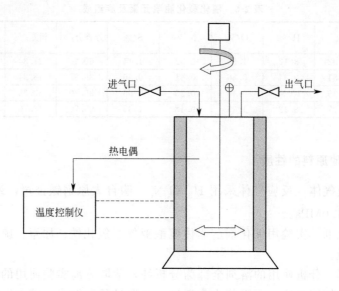

进气口

出气口

热电偶

温度控制仪

图 2-1　1L 高压釜示意

THF％）和前沥青烯产率（PA％），二者相减可得甲苯转化率（Toluene conversion，简记为 T％）。甲苯可溶物经旋转蒸发仪回收甲苯后，进行常压或减压蒸馏，控制蒸馏条件蒸出油品，剩余为沥青（Asphalt）样品（简称 Asp），称量沥青和油品质量，可得沥青产率（Asp％）和油品产率（Oil％）。需要强调的是，这里的沥青指的是甲苯可溶物经蒸馏后的产物。具体定义如下：共处理转化率（THF％）为四氢呋喃可溶产物占总投料中有机组分的比例，其中催化裂化油浆（FCCS）全部为有机组分，煤中催化剂和灰分不是有机组分，须扣除。前沥青烯产率（PA％）与沥青产率（Asp％）分别为前沥青烯与沥青质量占投料中有机组分的比例，由差减法可得气体的产率（Gas％）。相关计算公式如下：

$$THF\% = 100\% \times \frac{m_{(干燥)} + m_{(FCCS)} - m_{(THFS)}}{m_{(干燥)} + m_{(FCCS)}} \tag{2-1}$$

$$PA\% = 100\% \times \frac{m_{(PA)}}{m_{(干燥)} + m_{(FCCS)}} \tag{2-2}$$

$$Asp\% = 100 \times \frac{m_{(灰分)}}{m_{(干燥)} + m_{(FCCS)}} \tag{2-3}$$

$$Oil\% = 100 \times \frac{m_{(油分)}}{m_{(干燥)} + m_{(FCCS)}} \tag{2-4}$$

$$Gas\% = THF\% - PA\% - Asp\% - Oil\% \tag{2-5}$$

式中，THF％为煤的转化率；PA％为前沥青烯产率；Oil％为油品产率；Gas％为气体产率；Asp％表示沥青产率。

2.3.2.2 50L 高压釜

50L 高压反应釜中的煤与催化裂化油浆的共处理也采用间歇操作,它与自制的 40L 减压蒸馏系统直接相连。反应釜采用可调转速的磁力搅拌器,物料以一定比例由釜盖上的加料孔投入高压反应釜中,煤与油浆总投料量为 20kg。经低压氮气置换 3 次后,在室温充入反应气体至一定压力,如 H_2 充至 5MPa,N_2 充至 3MPa;然后采用控温仪控制升温,一般经 1.5~2h 达到反应温度,开始保温,达到设计的反应时间后,停止加热。在反应过程中,以计算机自动采集温度和压力数据。

在停止加热后先降压排气,将釜中气体直接排入常温的蒸馏釜,收集冷凝的液体,不凝气体经洗液吸收后排空。气体排完后,将液固物料从高压釜下部直接排入蒸馏釜中,然后进行减压蒸馏。在减压蒸馏过程中,采用导热油间接加热,蒸馏塔内装有 ϕ8mm 金属狄克松西塔环填料,控制蒸馏釜导热油温度到 330℃。当真空度为 0.090MPa 时停止蒸馏过程,收集并称量共处理反应生成的水和油品质量;同时,打开蒸馏釜泄料阀门放料并收集,再打开蒸馏釜泄料阀门放料并收集,冷却后称重,得到共处理重质产物(简称共处理改性剂),可用于道路沥青改性的研究。

共处理反应后可直接收集到水、油品和重质产物改性剂,经称量后得到它们的质量,由此可计算得到产水率和油品产率。但共处理转化率、PA 产率及沥青产率需通过溶剂萃取分离和蒸馏,然后经计算获得。先取一定量混合均匀的改性剂(约 10g),再用 2.3.2 节的方法依次用 THF 和甲苯进行萃取分离,分别经过滤、干燥步骤后可计算出改性剂中残渣、PA 和沥青含量,这样根据总收集到的改性剂质量可计算出总反应后残渣质量、PA 质量和沥青质量,即可根据 2.3.2 节的方法计算得到共处理反应的总转化率(THF%)、PA 产率(PA%)和沥青产率(Asp%)。THF%、PA%、Asp%、Oil% 具体计算见 2.3.2.1 节的式(2-1)~式(2-4),产水率(H_2O%)的计算公式如下:

$$H_2O\% = 100 \times H_2O/(daf\ coal + FCCS) \tag{2-6}$$

式中,$H_2O\%$ 为产水率;daf coal 为干燥无灰基煤;FCCS 为油浆。

2.3.3 液化沥青产物分析方法

对共处理沥青和改性沥青的评价可参照相关交通部门对石油道路沥青的评价,本实验使用实验规程为 JTJ 052—2000;同时,为探讨改性机理及改性剂的性质采用了多种测试方法,下面分别简要进行说明。

2.3.3.1 软化点测定方法

软化点测定采用国家标准 GB/T4507,也称环球法。方法概要为:将规定质量的钢球(3.5g)放在内盛规定尺寸(直径 9.53mm)金属环的试样盘上,以恒定的加热速度（5℃/min）加热此组件。将试样软到足以使被包在沥青内的钢球下落至规定距离（25.4mm）时的温度作为软化点，以摄氏度（℃）表示。

2.3.3.2　延度测定方法

延度测定采用国家标准 GB/T4508。方法概要为：倒入标准模具中的沥青在一定温度（25℃或15℃）的水浴中恒温 1h 后，以一定速度（5cm/min）拉伸至断裂时的长度，以厘米（cm）表示。

2.3.3.3　针入度测定方法

针入度测定采用国家标准 GB/T4509。针入度测定方法概要为：在一定温度（25℃）的水浴中，恒温沥青样品 1h；一定荷重的标准针（100g）自由下落 5s 时，针垂直穿入沥青试样的深度。针入度单位为十分之一毫米（0.1mm）。

2.3.3.4　薄膜烘箱实验方法

薄膜烘箱实验采用国家标准 GB/T5304。该实验主要是考察沥青在热和空气条件下的老化行为。通过沥青在加热前后的物理性质（针入度、软化点、延度等）变化，来定量热和空气对沥青质量的影响；同时，也可测定试样在加热前后质量的变化（蒸发损失）。方法概要为：将 50g 样品放进直径 140mm、高 9.5mm 的圆盘中，形成 3.2mm 的薄膜；再恒温 163℃，在空气自然对流情况下以转速 5.5r/min 水平转动 5h，所得样品为薄膜烘箱老化后的样品。

2.3.3.5　闪点测定法

闪点测定采用国家标准 GB/T267，采用自制（根据标准）的开口杯。方法概要为：以一定的升温速率（开始时为 15℃/min，之后为 5.5℃/min）加热沥青样品，在预测闪点 30℃前，每 2℃将点火器的试焰（4mm 火球）沿实验杯口中心向外以 150mm 半径作弧水平扫过一次，时间持续 1s。当试样液面上最初出现瞬间即灭的蓝色火焰时，沥青样品的温度即为该试样的闪点，以摄氏度（℃）表示。

2.3.3.6　溶解度测定法

溶解度测定采用国家标准 GB/T11148，为样品在三氯乙烯中的溶解度。方法概要为：取 2g 样品，用 100mL 三氯乙烯溶解 15min 后过滤，溶解度为样品在三氯乙烯中可溶物的质量占沥青样品总质量的百分比。

2.3.3.7　元素分析

元素分析时每次样品量为 7～8mg，C、H、S、N 含量为两次或多次平行结果的平均值。

2.3.3.8 族组成分析

对沥青的族组成分析采用薄层色谱分析仪。实验选用的色谱柱直径为 0.9mm，长度为 15mm，涂层长度为 11cm。结合相关文献资料和笔者课题组的前期工作，确定了分析沥青的操作条件，展开溶剂依次为正己烷、甲苯及三氯甲烷-甲醇（体积比为 95：5），对应展开的组分分别为饱和分、芳香分、树脂，剩余、未展开的组分为沥青质。完成展开的色谱柱通过氢火焰离子检测器（FID）时，各组分得到充分燃烧，信号被收集检测，从而得到各组分量的面积，面积归一后再得出各组分对应含量。具体操作条件：氢气流速为 175mL/min，空气流速为 2000mL/min，扫描次数为 30 次。

2.3.3.9 分子量及其分布的测定

凝胶渗透色谱法（gel permeation chromatography，GPC）是分析沥青、石油渣油等重质复杂混合物分子量的一种有效方法，分析计算的主要依据：不同分子量的物质注入色谱后流出时间不同。采用 SHIMADZU LC-3A 高效液相色谱仪，检测使用岛津 UVD-1 型紫外检测器，检测波长为 254nm。色谱柱尺寸为 $\phi 7.9mm \times 500mm$，担体为 HSG-15，移动相为 THF，流速为 0.9mL/min。测量前首先选用标准分子量物质进行标定，建立 GPC 标准曲线，再以此作为数据处理的依据。根据差值得到每个流出时间对应的分子量计算值，并通过加权平均得到样品的计算值。

GPC 标准曲线的建立：根据煤油共处理重质产物的组成情况，标样选用分析纯的聚苯乙烯、菲、萘、甲苯等物质。根据实验数据绘制 GPC 标准曲线，见图 2-2。对实验点进行回归，得到测试范围内的标准直线：$M=10 \times (5.0396-0.1095 \times t)$，回归系数为 0.93。

基于实验得到的 GPC 曲线，重质产物的重均分子量和数均分子量的计算公式如下：

$$M_w = \sum_i^n H_i M_i \Big/ \sum_i^n H_i \qquad (2\text{-}7)$$

$$M_n = \sum_i^n H_i \Big/ \sum_i^n \frac{H_i}{M_i} \qquad (2\text{-}8)$$

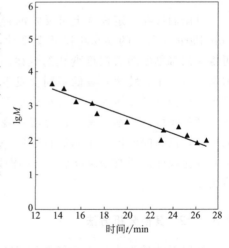

图 2-2　GPC 标准曲线

式中，M_w、M_n 分别为样品的重均分子量和数均分子量；H_i 为级分 i 的谱峰面积；M_i 为 i 点对应的分子量；i 和 n 为级分数。根据上述方法，一种典型的重质产物 GPC 谱图如图 2-3 所示。

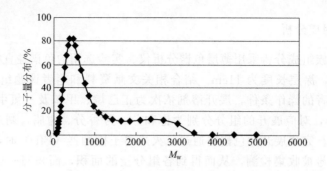

图 2-3　一种典型的重质产物 GPC 谱图

2.3.3.10　红外光谱分析

使用红外光谱对沥青样品和共处理重质产物的化学结构进行了分析，该方法可用于化学结构的定性和定量。实验仪器为美国 Digilab Excalibur 系列中的 FTS3000MX 红外光谱仪，定性时以溴化钾为背景，分析前将样品与溴化钾粉末混合、研磨和压片，样品与溴化钾的质量比为 1∶200；定量时采用纯物质，直接涂在样品槽上进行全反射扫描。具体测试条件为：扫描次数为 64，扫描谱图波数范围为 $400\sim4000\text{cm}^{-1}$。

2.3.3.11　黏度分析

黏温曲线在一定程度上可反映沥青或改性沥青的流变性能。本实验采用美国 Cole-Parmer 公司的 98936-15 型黏度计，并配有 98936-50/52 温度控制装置，这样可探究沥青黏度随着温度变化的规律。但是，由于沥青是非牛顿流体，黏度随着剪切力（转子、转速）等的不同会发生变化，所以在测试前要先根据样品大概黏度范围选择转子和转速，然后再确定和分析样品的质量，最后再恒温测定沥青在该温度的黏度值。本实验在研究流变规律时，采用固定转子和转速及固定样品量的方法，仅纵向比较了不同沥青在同一转速、同一转子、不同温度下的黏度表观值和变化规律。当改变温度后，样品温度平衡时间不少于 30min，或以黏度数值不变为止。

2.3.3.12　其他分析方法

同时对改性沥青还进行了美国 SHRP 分析和混合料评价实验，SHRP 分析方法采用美国进口 SHRP 系列分析仪，使用美国 AASHTO（美国公路与运输协会）标准中指定的实验方法，混合料实验分析方法采用我国交通部颁布的 JTJ 052—2000 实验规程，实验及实验评价数据皆由仪器专管员提供。

2.3.4　反应原料对液化沥青转化与产率的影响

2.3.4.1　共处理条件下煤与油浆的单独转化行为

在反应温度为 400℃、反应时间 1h、H_2 压力为 7.0MPa（常温）条件下，分别考察了煤与油浆的单独转化行为。煤与油浆单独处理结果见图 2-4。

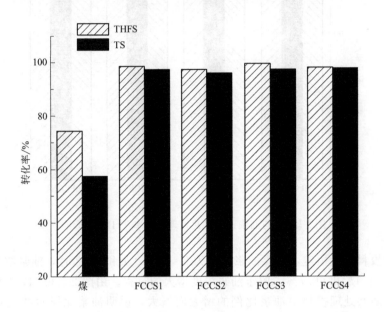

图 2-4　煤与油浆单独处理结果

由图 2-4 可知，担载催化剂［$FeSO_4$＋尿素（Urea）］的煤单独加氢时，转化率 THFS 为 73％。其中，甲苯可溶物 TS 产率为 57％，PA 产率为 16％。4 种 FCCS 单独处理时，转化率 THFS 都达到 98％以上，其中产物主要是甲苯可溶物 TS，产率达 95％以上。对油浆的甲苯可溶物进行分析，发现其中沥青含量相当高。实验数据说明：FCCS 几乎不产生或仅产生少量 PA，远低于煤转化产物的 PA 产率，而且也表明油浆在该条件下加氢后，仅生成很少量甲苯不溶物，即 PA 和残渣的产率很低。值得指出的是，对渣油加氢处理与未加氢处理的产物进行比较，发现 THF 可溶物、甲苯可溶物中的沥青与油产率基本相同，说明在本研究的反应条件下，加氢处理并没有导致油浆生成大量 THF 不溶物。

2.3.4.2　煤油浆比例对共处理总转化率的影响

在反应温度为 400℃、反应时间为 1h，担载催化剂［$FeSO_4$＋尿素（urea）］。在 H_2 初压为 7.0MPa 条件下分别考察了煤与油浆比例对共处理转化率 THFS 的影响，相关结果如图 2-5 所示。

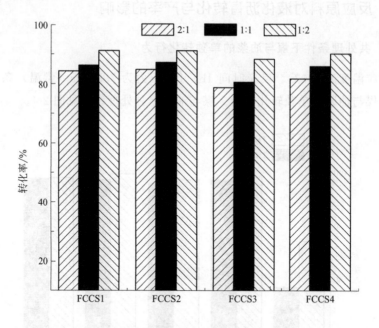

图 2-5 煤与油浆比例对共处理转化率 THFS 的影响

因为投料总量恒定，在煤油浆比例为 2∶1、1∶1 和 1∶2 时，油浆浓度依次为 33.3％、50.0％ 和 66.7％，属于油浆浓度增大的过程。由图 2-5 可知，4 种催化裂化油浆都随共处理投料中油浆比例的增大而增大，说明油浆比煤对共处理转化率 THFS 的贡献大，这一点和油浆与煤单独处理的结果一致。

2.3.4.3 油浆种类对煤总转化率的影响

为考察共处理之间煤与油浆的相互作用，将共处理转化率折算为煤的转化率 (Coal THFS) 进行了分析。理论上煤与油浆之间发生了相互作用，但由于油浆单独处理时，几乎不生成 THF 不溶物。所以，这里假设共处理过程中油浆生成的 THF 不溶物与油浆单独处理生成的 THF 不溶物相同，由此可计算出共处理过程中煤自身的 THF 转化率，标记为 Coal THFS％，计算公式如下：

$$\text{Coal THFS}\% = 100 \times [\text{dry coal} - (\text{all THFIS} - \text{FCCS residue})] / \text{daf coal} \qquad (2\text{-}9)$$

式中，Coal THFS％ 为煤自身的 THF 转化率；dry coal 为干煤；all THFIS 为所有四氢呋喃不溶物；FCCS residue 为剩余的油浆；daf coal 为干燥无灰基煤。

由式(2-9) 可计算出不同油浆在不同比例时煤的转化率，并与煤单独处理时的转化率 THFS 进行了比较，以它们的差值作为衡量共处理过程相互作用的依据，简称为影响值（effect）。因此，以该影响值为共处理过程的煤转化率（计算值）减去煤单独处理的煤转化率后的差值，结果见表 2-7（按油浆种类进行归类）。

表 2-7　共处理过程的煤转化率及影响值

油浆种类	FCCS1			FCCS4		
煤油比	2∶1	1∶1	1∶2	2∶1	1∶1	1∶2
THFS/%	77.68	74.62	76.97	74.17	74.31	74.69
影响值	3.34	0.28	2.63	−0.17	0.03	0.35
油浆种类	FCCS3			FCCS2		
FCCS 比例	2∶1	1∶1	1∶2	2∶1	1∶1	1∶2
THFS/%	68.54	62.03	66.86	78.9	77.51	80.19
影响值	−5.8	−12.31	−7.48	4.56	3.17	5.85

由表 2-7 可知，随着油浆种类的不同，煤转化率有较大差别，但大体可分为三类：煤转化率最高的是 FCCS2，高于煤单独转化，即表现出正效应；FCCS1 和 FCCS4 与单独处理的煤转化率近似，可认为无协同效应；FCCS3 与其他油浆对煤转化的影响明显不同。FCCS3 与煤共处理时，煤转化率反而下降，表现出负效应。这些结果充分说明 FCCS 的种类对煤的转化有明显影响。

表 2-8　催化裂化油浆族组成分析表

组分 油浆种类	饱和分/%	芳香分/%	树脂/%	沥青质/%
FCCS1	8.10	60.40	27.30	4.20
FCCS2	39.36	36.82	18.24	5.58
FCCS3	10.07	35.00	33.38	21.55
FCCS4	6.70	65.70	18.70	8.90

由表 2-8 可知，4 种油浆正好分为三类：FCCS1 和 FCCS4 性质近似为一类；FCCS2 和 FCCS3 分别为另外两类。这三类油浆对应三种不同性质，同时这三类油浆对应煤转化时表现为三种不同的协同效应结果，说明 FCCS 与煤有较强的匹配性。FCCS3 与其他 FCCS 相比，族组成分析显示含较高的沥青质和胶质，这两种组分的高含量可能是煤转化下降的原因。根据共处理反应机理，FCCS 不仅是共处理原料，而且是煤转化的溶剂，在共处理过程中能起到传递活性氢和分散自由基的作用。由于沥青质和胶质分子量较大，也即它们的体积相对较大，在分散煤热解自由基时，受体积限制，不能更有效地传递活性氢或不能有效渗透、分散煤裂解的自由基，从而使对自由基的分散比其他 FCCS 相对较差，造成煤转化率较低。但从使用 FCCS3 比煤单独处理的转化率低的结果分析可知，该 FCCS 对煤的转化起负作用。根据煤液化机理分析该负作用产生的原因，可能有两种：有可能是该油浆的存在，抑制了煤的热解，这可能与该 FCCS 所含的微量重金属元素有关，它们的存在抑制了煤转化催化剂的活性；也有可能是该油浆的存在，消耗部分活性氢，导致系统活性氢不足，从而加剧了一些缩聚反应，导致煤转化率的下降，对于该现象的原因需要进一步的实验证明。

另外，从反应结果看，煤油浆比例对煤转化的影响较小，若增大油浆比例，对煤转化的影响不大。这意味着 33％ 的油浆浓度就能起到有效的溶剂作用，能有效分散自由基，能有效传递活性氢。当然这与煤自身的转化率已经较高有关，因为使用高活性的 Fe 催化剂时，煤的转化率已经较高，这时即使增加 FCCS，对煤粒和煤自由基的分散、供氢，对煤转化的影响也相对不明显，导致煤油浆比例对煤转化的影响不大。

2.3.4.4　油浆种类对共处理转化产物的影响

煤与油浆共处理的产物收率以总有机投料量为基准进行计算，分别对不同煤油浆比例的产物分布进行讨论。其中，THF-IS 为残渣，PA 为前沥青烯，Asp 为沥青，O＋G（油和气）为油品和产生气体的收率。该收率可由差减法得到。

由煤油浆比为 2∶1 时共处理产物分布（图 2-6）可知，产物的组成中收率最高的是沥青，而且沥青的收率都超过 50％ 以上，其余三种产物（THF-IS，PA，O＋G）的收率远低于沥青收率。但随着油浆种类的不同，产物分布并不完全相同，FCCS1 和 FCCS2 的组成分布较近似，FCCS3 的残渣较多，而 FCCS4 的 PA 收率较高。虽然 FCCS1 和 FCCS4 都为高芳香分油浆，但它们与煤共处理后的产物分布并不相同。

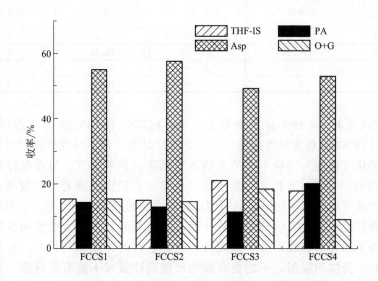

图 2-6　煤油浆比为 2∶1 时共处理产物分布

由煤液化机理可知，煤的加氢转化过程大致可分为两个阶段：①煤转化为前沥青烯、沥青烯、油和气；②较重的前沥青烯、沥青烯转化为小分子的油和气。这两个阶段的反应本质不同，难易程度也不同，需要的条件也不同。前一阶段速度较快，需要的氢不多，相对容易。而后一阶段则需要较苛刻的条件，如较高的温度、氢气压力及催化剂等。由于本实验选用条件（400℃，室温压力 7.0MPa）相对温和，即该共处理过程主要是在第一阶段，这就造成共处理产物中油气收率远低于煤直接液化油气收率（＞60％）；也正是由于反应条件的相对温和，共处理产物中重质产物收率较高，Asp 和 PA 的收率占 60％以上。

在煤油浆比为 1∶1 时共处理产物分布结果（图 2-7）与煤油浆比为 2∶1 时的分布结果近似（图 2-6）。在共处理产物中，产率最高的仍然是沥青 Asp，而且可以看到煤油浆比为 1∶1 时，沥青收率高于煤油浆比为 2∶1 时的沥青收率。也正因为沥青产率的进一步增大，使其余组分的收率减低，但可以看出，仍然是 FCCS3 的残渣较多；而 FCCS4 的 PA 收率较高，这也是由于油浆的性质不同而导致的。

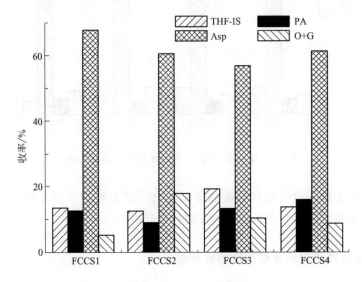

图 2-7　煤油浆比为 1∶1 时共处理产物分布图

在煤油浆比为 1∶2 时（图 2-8）共处理产物中收率最高的仍是沥青 Asp，而且可以发现沥青收率随着油浆浓度的增大而增加，在煤油浆比为 1∶2 时共处理沥青产物超过 70％。此外，实验也发现，在煤油浆比为 1∶2 时共处理产物中 PA 和 [油＋气（O＋G）] 的产率都很低，说明煤对该两组分的贡献大；油浆贡献小，可能与油浆已经经过处理有关。因此，可以得出结论：在选定的条件下，油浆浓度的增大是共处理产物中 PA 和 [油＋气（O＋G）] 收率降低的原因。

2.3.5　反应原料对液化沥青结构与性能的影响

从前面的分析可知，油浆性质及油浆与煤的比例对共处理转化率及产品分布有一定影响，但转化率仅是粗略的溶解性，可能看不出产物品质发生的变化，因此需要对产物组成等进行进一步分析，以期得到规律性认识，为产物的最终利用提供指导。由于沥青性质对其将来的应用有直接影响，而且其收率也相对较高，因而沥青性质也间接决定了工艺的经济性。但是，是否高芳香油浆成为制得高等

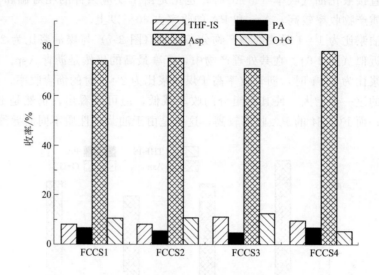

图 2-8　煤油浆比为 1∶2 时共处理产物分布图

级道路沥青的关键，以及其他油浆的影响如何，还需要进一步分析。因此，仅就不同性质的油浆与煤共处理所得的沥青进行了分析。

2.3.5.1　油浆种类对沥青路用性能的影响

将不同油浆与煤共处理后的甲苯可溶物常压蒸馏，控制终馏点为 320℃，制得共处理沥青产物，对沥青的路用性能进行了分析，并根据油浆族组成中的芳香分对沥青进行了分类，相关结果分别见表 2-9 和表 2-10。

表 2-9　高芳香分含量油浆对沥青路用性能的影响

油浆种类	FCCS1			FCCS4		
煤油比	2∶1	1∶1	1∶2	2∶1	1∶1	1∶2
软化点/℃	49.3	42.5	36.9	47.2	46.8	45.1
延度(15℃)/cm	0.5	>150	22.4	0.6	>150	40
延度(25℃)/cm	—	>150	120	8.7	>150	>150

表 2-9 列出了族组成含量中，高芳香分含量的 FCCS1 和 FCCS4 与煤共处理制得的沥青性质。由表可见，沥青的软化点随着反应原料中煤比例的增大而升高，随着油浆比例的增多，沥青变软。对延度而言，这两种高芳香分的油浆（FCCS1 和 FCCS4）与煤共处理制得的沥青在 1∶1 时有非常高的延度，在 15℃、25℃ 时都大于 150cm，显示了非常好的延展性。

表 2-10　低芳香分含量油浆对沥青路用性能的影响

油浆种类	FCCS2			FCCS3		
煤油比	2∶1	1∶1	1∶2	2∶1	1∶1	1∶2
软化点/℃	76	71.1	48.5	78.3	67.6	49.1
延度(15℃)/cm	0.3	0.5	0.5	—	—	—
延度(25℃)/cm	0.3	0.7	0.5	0.3	0.2	0.3

表 2-10 列出了族组成含量中芳香分相对低的 FCCS2 和 FCCS3 与煤共处理制得的沥青性质。可以看到，沥青的软化点也随着反应原料中煤比例的增大而升高，随着油浆比例的增多，沥青变软，即煤对共处理沥青的贡献为增加硬度。对延度而言，由 FCCS2 和 FCCS3 与煤共处理制得的沥青延度非常低，与由高芳香分的油浆 FCCS1 和 FCCS4 形成的沥青性质差别很大，由于延度能反映沥青路面的黏弹性、流变性，因此由 FCCS2 和 FCCS3 与煤共处理制得的沥青黏弹性较差。结合 FCCS 的性质，说明油浆中芳香分含量是最终沥青延度、流变性质的关键，只有高芳香分含量的油浆与煤共处理才能得到流变性好的共处理沥青。值得注意的是，FCCS2 虽然最能促进煤的转化，其共处理转化率和煤转化率都是最高，但所得沥青的延展性不好。说明并不是煤转化越多，沥青延展性就越好。FCCS3 对煤转化有抑制的作用，所得沥青的延展性也不好。上述这些性质的不同，也能说明煤与油浆的相互匹配作用。

2.3.5.2　油浆种类对沥青四组分的影响

沥青是一类组成十分复杂的混合物，其表观性质与其化学组成密切相关。采用薄层色谱分析（TLC）可以将沥青组成按溶解度分为四组分，即饱和分、芳香分、胶质和沥青质。实验时将不同油浆与煤共处理后的甲苯可溶物在相同蒸馏条件（常压，终馏点 320℃）所得共处理沥青产物，进行了四组分分析。根据油浆族组成中的芳香分，将沥青进行了分类，相关结果分别见表 2-11 和表 2-12。

表 2-11　高芳香分含量油浆对沥青四组分的影响

油浆种类	FCCS1			FCCS4		
煤油比	2∶1	1∶1	1∶2	2∶1	1∶1	1∶2
饱和度/%	26.16	5.13	25.07	20.38	9.26	24.8
芳香分/%	9.1	24.51	29.92	25.47	21.68	19.61
树脂/%	39.04	59.05	29.83	35.78	58.82	29.08
沥青质/%	25.7	11.31	15.18	18.37	11.24	26.51

表 2-12　低芳香分含量油浆对沥青四组分的影响

油浆种类	FCCS2			FCCS4		
煤油比	2：1	1：1	1：2	2：1	1：1	1：2
饱和度/%	16.73	26.63	10.92	3.04	35.94	45.53
芳香分/%	13.39	14.82	18.1	6.21	17.33	27.15
树脂/%	44.57	34.28	52.78	60.88	33.11	23.27
沥青质/%	25.31	21.77	18.2	29.87	13.61	4.05

由表 2-12 可知，对于高芳香分含量的 FCCS1 和 FCCS4 与煤的共处理沥青在 1：1 时有高的延展性和流变性，其族组成分布也非常接近：饱和分为 5%～10%；芳香分为 20%～25%；胶质为 55%～60%；沥青质为 10%～15%。因此，可以说该范围是共处理沥青有高流变性的适宜组成，即该组成范围能形成适宜铺路的胶体体系。

共处理沥青的胶体性质可以参照文献中有关对石油沥青胶体性质的研究。根据石油沥青的胶体性质，沥青中的组分对沥青胶体性质起不同的作用：沥青质可以使沥青在高温下仍有较大的黏度，因此它的存在对沥青的感温性有好的影响，而且沥青质作为沥青胶体溶液的核心，是形成稳定胶体体系的关键。胶质对沥青的黏弹性，形成良好的胶体溶液等方面有重要作用，是沥青流变性质的关键组分。芳香分的存在可以提高沥青分散介质的芳香度，可起到柔软及润滑的作用；饱和族是很软的组分，其针入度极大，软化点很低，黏度也很小；同时，对温度敏感，不是沥青的理想组分。

虽然沥青的质量影响因素很多，但最主要的是其上述各组分比例的协调。因为沥青是以分子量很大的沥青质为中心，在周围吸附了一些极性较大的胶质和芳香分所形成的复合物。随着与沥青质分子距离的增大，可溶质的极性渐弱，芳香度渐小，半径继续向外扩大，则为极性更小的分散介质。如果没有足够的胶质和芳香分被吸附在沥青质的周围形成中间相，沥青质就很容易从溶液中沉淀分离出来。反之，如果沥青质含量太少，则不足以吸附胶质以形成胶团核心，从而也就不可能得到稳定的胶体体系。由以上讨论可知，沥青四组分的比例协调，尤其是其中沥青质、胶质和芳香分的协调，对于道路沥青质量至关重要。该实验结果显示：饱和分 5%～10%、芳香分 20%～25%、胶质 55%～60%、沥青质 10%～15%，是适宜的族组成，即为比例协调且流变性较好的共处理沥青族组成。

由表 2-12 可知，对于低芳香度的 FCCS2 和 FCCS3，与煤共处理后都没有形成流变性好的沥青。从四组分角度分析，主要是其组成不匹配原因造成的，主要原因可分为两类：饱和分过高；沥青质过高。饱和分并不是沥青中的理想组分，其感温性较差，对路面影响较大的蜡成分主要含在饱和分中；而沥青质含量过高也不行，沥青呈凝胶态，流变性不好，弹性较差。需要说明的是，共处理沥青的适宜族组成与性能优良的石油沥青的族组成有差异。根据文献显示，石油沥青的适宜组成范围为：饱和分 13%～31%（含蜡<3%），芳香分 32%～60%，胶质

19%~39%，沥青质 6%~15%。可以看到，共处理沥青组成范围不满足石油沥青的组成范围，因此并不能完全按照石油沥青的组成要求来评价共处理沥青。

2.3.5.3　反应温度对共处理反应的影响

从上述分析可以知道，煤油浆比例及油浆性质对共处理转化率及沥青性质有重要影响，但煤与油浆共处理首先是它们的热分解，所以影响热分解的反应温度也是影响煤与油浆相互作用的一个重要因素，因此又考察了温度对共处理反应性的影响。为简化起见，实验固定煤油浆比例为 1∶1，然后分别考察了 4 种 FCCS 与煤在温度 400℃、425℃、450℃ 时的反应性。同样地，为研究共处理煤与油浆之间的相互作用，先进行了煤与油浆在不同温度下的单独加氢实验。

在以 FeSO$_4$＋尿素为催化剂、H$_2$ 初压为 7.0MPa、反应时间为 1h 时，考察了反应温度对煤单独处理的反应性，处理结果见图 2-9。

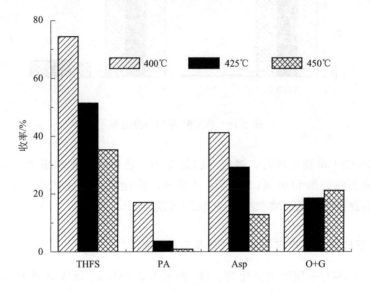

图 2-9　煤单独处理结果

煤单独处理时，随着反应温度的升高，煤转化率呈下降趋势。从原理上讲，随着温度的升高，煤裂解产生的自由基应该增加，但实验结果却是煤转化率下降，这表明缩聚反应随着温度的升高而显著发生，导致不溶于 THF 的大分子产物增加。由于系统无外加溶剂，产生的自由基不能很好分散和被氢稳定，这种缩聚现象就显得非常显著。从产物分布看，沥青及前沥青烯产率也有下降趋势。从煤液化机理可知，温度提高后，会促进 PA 和沥青烯向油、气产物的进一步裂解；但从图 2-10 可知，油品增加的幅度远低于 PA 和沥青减少的幅度，说明 PA 和沥青参与了缩聚反应。还可以看到，随着温度的升高，油收率增加。上述原因主要由于裂解加剧所致，但这里包括 PA 和沥青二次反应转化来的油品。

因为油浆已经过催化裂解，因此以 FCCS1 为代表，在其余条件相同时，在无催化剂条件下考察了温度对催化裂化油浆 FCCS1 单独处理的反应，处理结果见图 2-10。

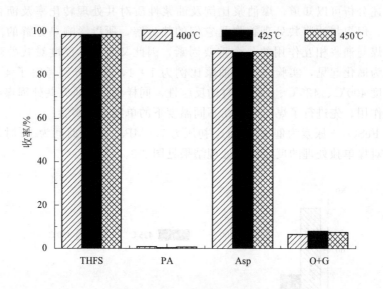

图 2-10　FCCS1 单独处理结果

油浆 FCCS1 单独处理时，温度对转化率和产物组成的影响不大，这说明油浆没有发生显著的裂解和加氢；而且可以看出，催化裂化油浆的产物主要是沥青，即甲苯可溶物蒸馏后的产物收率大约为 90％以上。

2.3.5.4　反应温度对煤与油浆共处理反应的影响

同样以 $FeSO_4$＋尿素为催化剂、H_2 初压为 7.0MPa、反应时间为 1h 时，考察了反应温度对煤油浆共处理的反应。FCCS1、FCCS2、FCCS3 与 FCCS4 和煤在 1：1 时共处理温度的影响结果分别见图 2-11～图 2-14。

由图 2-11 可知，当 FCCS1 与煤共处理时，共处理转化率均高于 80％。随着温度的提高，共处理转化率增加，虽然增幅不大，但说明温度升高没有发生明显的缩聚反应。前面已经讨论过，煤单独加氢处理时，随着温度升高，煤转化率下降，发生明显的缩聚反应，而由共处理结果可以看到没有发生缩聚反应。因此，可以认为这就是催化裂化油浆的作用。该油浆不仅是反应原料，而且是煤转化的溶剂，且含有较多芳香组分，与煤的结构单元有近似性。其在反应的过程中能分散自由基，提供活性氢，从而抑制煤自由基的缩聚，使共处理具有明显的协同效应。从产物分布来看，前沥青烯随着温度的升高而减少，而油的收率随着温度的升高而增加，这说明温度的升高，促进了 PA 的裂解，而且是向油品的转化。

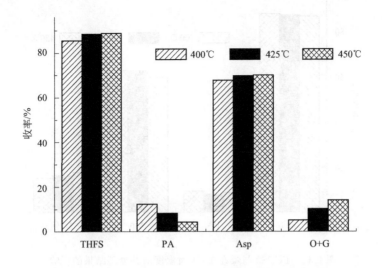

图 2-11　FCCS1 与煤在 1∶1 时温度对共处理结果的影响

　　从煤液化机理可知，煤转化首先为煤的裂解，生成自由基，开始时主要是煤中的桥键、烷基侧链、官能团等弱键的断链，这就会直接生成 PA、沥青和油品的结构，加氢后生成前沥青烯、沥青和油品。然后随着反应的进行，体系自由基主要来源于煤中的强键的裂解，包括 PA 和沥青的进一步裂解。这两个阶段的反应本质不同，难易程度不同，需要的条件也不同。前一阶段速度较快，需要的氢不多，相对容易。而后一阶段则需要较苛刻的条件，如较高的温度、氢气压力及催化剂等。反应温度的影响主要体现在反应的第二阶段，即温度的升高会促进较重的前沥青烯、沥青烯向小分子的油和气转化。由图 2-11 还可知，前沥青烯与油的产率都较低。在实验条件下，共处理产物中沥青产率为最高。

　　由图 2-12 可知，温度对 FCCS2 与煤共处理的影响较小，总转化率及产物分布的变化都不大。首先说明反应系统随着温度升高并没有发生明显的缩聚反应，这不同于煤的单独加氢。其次，产物的分布变化不大，说明该油浆有与 FCCS1 不同的作用。一般认为，反应温度的升高会导致更强烈的热解反应，会生成更多的自由基。从该反应的结果来看，这些自由基并没有相互缩聚，因此可以推测出这些自由基发生了不同结构之间的重新接枝、交联；而且可以看出，在反应产物中，沥青产率为最高。

　　由图 2-13 可知，温度对 FCCS3 与煤共处理总转化率稍有影响，温度升高后，总转化率增加，但增幅不大。在转化产物中，较重的 PA 和沥青 Asp 略有下降。这是由于温度的升高，促进了煤和油浆的进一步裂解，使得油品与气体（O＋G）的产率增加。

　　温度对 FCCS4 与煤共处理总转化率及产物分布的影响见图 2-14。由图 2-14 可

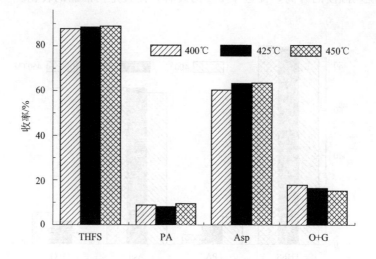

图 2-12　FCCS2 与煤在 1∶1 时温度对共处理结果的影响

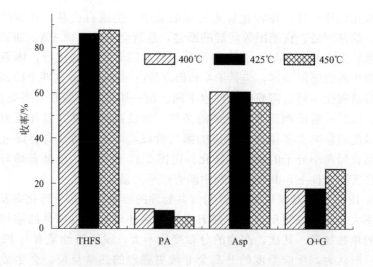

图 2-13　FCCS3 与煤在 1∶1 时温度对共处理结果的影响

知，温度对总转化率的影响不大，对产物稍有影响，这里不再详述。比较这 4 种油浆与煤共处理时温度的影响，可以发现一些共同的特点，温度提高后，总转化率没有下降，不同于煤单独处理的结果，说明这 4 种油浆即使在高温时仍能很好地起到溶解煤粒、分散自由基、传递活性氢的作用。在煤转化产物中，较重的 PA 和油品与气体（O+G）的产率较低，而产物中主要是沥青 Asp。一般认为，温度的升高会促进较重的前沥青烯、沥青烯向小分子的油和气转化。但可以看出，这 4 种油浆与煤共处理后的油气产率并不高，远低于文献研究中煤液化或煤油共处理的油气收率。

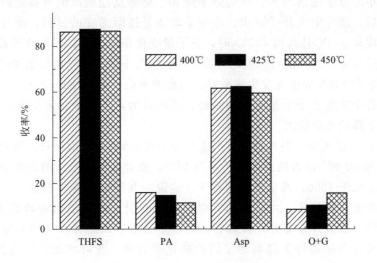

图 2-14　FCCS4 与煤在 1∶1 时温度对共处理结果的影响

2.3.5.5　反应温度对共处理沥青性质的影响

从前面的分析可知，反应温度对共处理转化率及产品分布有一定影响，但并不显著。同样考虑到转化率体现的是较粗略的溶解性，那么仅依靠转化率和产物产率就不能探究其中涉及的反应机理和反应过程，而通过对产物品质的分析，就能间接推测到这些反应机理和反应变化。因此，需要对产物的组成性质等进行进一步分析，以期得到一些规律性认识。

2.3.5.6　反应温度对共处理沥青分子量的影响

沥青是一种复杂的混合物，它的分子量分析可采用凝胶渗透色谱法。由于沥青是甲苯可溶物经蒸馏后得到的，因此蒸馏条件将影响沥青的性质。为比较不同反应温度对沥青性质的影响，本实验采用同一蒸馏条件：常压；终馏点温度为320℃。表 2-13 给出了不同反应温度下沥青的分子量分布范围。

表 2-13　温度对共处理沥青分子量分布的影响

温度/℃	$M>1000/\%$	$500<M<1000/\%$	$300<M<500/\%$	$M<300/\%$	M_{w}
400	18.82	24.28	31.76	25.14	675.39
425	17.91	25.51	31.35	25.23	659.05
450	11.82	21.16	31.22	35.80	506.68

注：M 为分子量，M_{w} 为平均分子量。

由表 2-13 可知，随着反应温度的升高，分子量 $M>1000$ 的分子逐渐减少，而分子量较小的分子逐渐增多。重均分子量 M_w 随着反应温度的升高而降低，说明温度升高后，沥青中大分子减少、小分子增加是逐渐递变的过程。此外，可以看到，当温度从 400℃ 升高到 425℃ 时，分子量变化相对较小；当温度升高到 450℃ 时，分子量变化较大。随着温度的升高，不仅煤与 FCCS 本身热解更加激烈，而且 PA 以及沥青中的大分子也发生热裂解。温度的升高，不仅使得油气收率增加，而且也使沥青中发生了分子量下降的趋势。可以认为，大分子含量的降低是沥青平均分子量下降的主要原因。

由表 2-13 还可知，共处理沥青的重均分子量不到 700，而同样方法测定的商用石油沥青 Shell 90$^\#$ 沥青的重均分子量为 1200，而且文献中报道的石油沥青的重均分子量也都大于 1000，甚至能达到数千，这说明共处理沥青与石油沥青的分子组成在结构等方面有差异。共处理沥青中煤结构的引入是其结构差异的主要原因。对于煤结构中的多芳香部分，许多石油沥青正是由于缺乏芳香结构而导致路用性能较差，通过温和条件下煤与油浆结构的化学处理，既可增加产物的芳香结构，又可使产物中含有石油的基团，这就为液化重质产物（包括沥青、PA 等）作为道路沥青改性剂奠定了理论基础。

2.3.5.7 反应温度对共处理沥青路用性能的影响

由于沥青的软化点和延度是反映沥青性质的重要指标，尤其适用于铺路的沥青。因此，对在不同温度下共处理所得沥青进行了路用性分析，同样采用同一蒸馏条件：常压；终馏点为温度 320℃。反应温度对 FCCS1 与煤共处理沥青路用性能的影响结果见表 2-14。

表 2-14　反应温度对 FCCS1 与煤共处理沥青路用性能的影响结果

温度/℃	400	425	450
软化点/℃	48.5	38.4	35.8
延度(15℃)/cm	150	83	20.8

由表 2-14 可知，随着反应温度的提高，沥青软化点逐渐降低，即沥青逐渐变软。这与凝胶渗透色谱法（GPC）数据的结果一致。因为随着反应温度的升高，在相同蒸馏温度时，沥青中大分子量的物质减少，而小分子量物质增加，沥青中的分子向相对小分子方向的转变是沥青变软的内在原因。当然，这也可以理解为：随着温度升高，沥青分子中能使沥青变硬的大分子含量的降低导致沥青的变软。实验所得共处理沥青都有一定的延度，由于它反映的是沥青的黏附性、延展性，因此这对共处理沥青的进一步利用非常有利，特别是 400℃ 反应时制得的沥青软化点和延度符合高等级道路沥青的标准。对于这一点在前面部分已经讨论过，在此不再详述。值得注意的是，425℃、450℃ 反应时制得

的沥青虽然软化点偏低，但可以通过提高蒸馏强度来提高其软化点，使其达到适宜的应用范围。

2.3.5.8 反应温度对沥青流变性的影响

流变性也是沥青的重要性质之一。随着认识的深入，它被广泛应用于沥青材料的评价，尤其是在铺路沥青的应用方面。本实验通过黏温曲线数据规律反映沥青的流变性能，并与优质的商用高等级道路沥青 Shell 90# 沥青进行了对比，结果列于表 2-15。

表 2-15　0.5r/min 时的黏温曲线数据

温度/℃	55	60	70	80	90
黏度(400℃)/cP	370800	245200	103500	83100	75000
黏度(425℃)/cP	82200	78000	74100	73100	72700
黏度(450℃)/cP	73900	73300	73100	73000	73000
黏度(Shell 90# 沥青)/cP	617100	349500	152200	98200	84500

注：cP 为非法定单位，1cP＝1mPa·s。

由表 2-15 可知，在相同条件下，随着反应温度的升高，共处理沥青黏度减小。说明共处理反应温度升高后促进了沥青中大分子的裂解，使得沥青中的小分子随着温度增加而增多。因为小分子的黏附性相对较小，造成随着共处理温度的升高，共处理沥青的黏度降低。对同一种沥青，随着黏度测试温度的增加，沥青的黏度逐渐下降。沥青属于胶体体系，沥青中沥青质的吸附胶质呈大胶团分散在芳香分和饱和分中，随着温度的增加，大胶团逐渐解析成相对小的团簇，造成黏度下降。此外，还可以看出，在反应温度 400℃ 时制得的共处理沥青与性能优良的商用石油沥青 Shell 90# 沥青相比，其黏度值稍低，可能与商用沥青经过改性后的增黏作用有关。虽然 425℃、450℃ 反应时的黏度较低，但这完全可以通过提高蒸馏强度来进行改善。

2.3.5.9 蒸馏条件对沥青性质的影响

沥青经过族组成分析可划分为 4 种组分：饱和分、芳香分、胶质和沥青质。沥青胶体性质与组分的比例密切相关，即四组分比例的协调是沥青性能优良的关键。本实验经溶剂萃取后的甲苯可溶物除含有溶剂外，还含有沸点较低的油品，这部分油品需通过蒸馏的方法除去。因为油品分子量相对较小，随着蒸馏强度的变化，蒸馏油品量的不同，而导致油品蒸出量的不同，直接影响沥青的组分配比，从而影响沥青的胶体状态。本节分别评价了不同的蒸馏方式（减压蒸馏、常压蒸馏）、蒸馏温度对沥青质量的影响，蒸馏条件对共处理沥青的影响结果见表 2-16。

表 2-16　蒸馏条件对共处理沥青的影响

油浆种类（样品）	蒸馏条件		属　性	
	压力/MPa	剪切温度/℃	软化点/℃	延度(15℃)/cm
FCCS1	0.1	320	44.8	>150
	0.01	250	48.5	15
FCCS2	0.1	320	44.8	>150
	0.01	250	52.8	13 (25℃)
FCCS3	0.01	250	35	10
	0.01	260	38	75
	0.01	270	38.4	83
FCCS4	0.01	240	34	2.5
	0.01	250	36	17
	0.01	270	35.8	21

注：FCCS1、FCCS3、FCCS4 分别是在 400℃、425℃、450℃ 时，以 Fe_2S_3 作催化剂的条件下制得的；FCCS2 沥青是在 400℃时，以 $FeSO_4$ 作催化剂的条件下制得的。

由表 2-16 可知，蒸馏条件对沥青质量的影响很大，提高样品 2 与样品 3 共处理沥青的蒸馏温度后，沥青的软化点明显提高。由于沥青的蒸馏温度提高后，相对较小的分子被蒸出，在沥青的四组分中，饱和分和芳香分的分子量较小，因此蒸出的主要是饱和分和芳香分；而这两种组分在沥青胶体中主要起溶剂的作用，以溶解胶质和沥青质吸附生成的胶团或团簇。因此，蒸馏条件直接决定从甲苯可溶物中蒸出的油品量，从而直接决定沥青中相对小分子——饱和分和芳香分的含量，而它的多少直接决定沥青的胶体性质。当饱和分和芳香分比例较高，或胶质和沥青质含量较低时就形成溶胶型沥青。反之，如果是沥青质浓度较大，饱和分和芳香分比例不够，可溶质中没有足够的芳香分，分散介质的溶解能力不强则形成凝胶型沥青。介于溶胶型和凝胶型沥青结构之间的沥青称为溶凝胶沥青。因为蒸馏条件直接决定沥青中饱和分和芳香分的含量，从而间接影响胶体状态，因此可以说蒸馏条件是得到不同胶体状态的关键。胶体状态直接影响着沥青的路用性能。溶胶沥青的特点是：胶团浓度较小，能均匀分散在饱和分或芳香分中；胶团间没有吸引力或只有很小的吸引力，变形时应变与变形速度成直线关系，弹性效应小。此外，其在路面上使用时，开裂后自愈能力较强；但感温性强，温度过高会流淌，路用效果较差。凝胶沥青的特点是生成的胶团较大，胶团拥挤，之间的相互移动较为困难，可形成不规则的空间网络结构。其在路面上使用的特点是耐热性和弹性较好，具有触变性，低温塑性较差，黏结性和开裂后的自愈能力较差。

溶凝胶沥青的特点是胶团靠拢接触，相互间有一定的吸引作用，将它们分开时需要一定的外力，但不如分开凝胶结构所需的外力大。由于沥青质数量不算多，又有足够的胶质作保护物质，胶团仍悬浮在油质中。该类沥青是道路应用中较为理想的沥青，具有黏弹性和触变性。因此，蒸馏条件间接会影响沥青的路用性能。

值得注意的是，样品 3、样品 4 共处理沥青样品随着蒸馏温度的升高，软化点升高，而且延度也随着软化点的升高而升高；说明随着蒸馏强度的提高，沥青延展性或流变性得到改善，表现出道路沥青的理想性质。当然，沥青性质与蒸馏温度、蒸馏方法间的关系还会受到煤和油浆种类、煤油浆比例、反应条件等因素的影响。这使得蒸馏条件与共处理沥青质量间的关系变得极为复杂，但是蒸馏过程确为保证共处理沥青质量的关键过程之一，需要针对不同的工艺为制得的沥青优选不同的工艺。

2.3.6 液化沥青产物的扩大实验

为了进一步完善工业化应用，制得更多的液化沥青产物，还进行了扩大化实验，以更好地掌握制备特征。

2.3.5 节的研究表明：在煤与两种高芳香的催化裂化油浆共处理过程中，其重质产物中的沥青有好的流变性能，因此可应用于高等级公路建设中；而且进一步的研究发现，不仅共处理重质产物的沥青组分有高的延展性，甚至在含前沥青烯和残渣时，重质产物整体仍具有相当的延展性。此外，同时还发现共处理重质产物性质与天然沥青改性剂 TLA 的性质近似。但其能否用作改性剂，改性效果如何，应做进一步分析，这也需要先制备改性剂。

本节主要在 50L 高压釜内进行的：先对煤油浆在不同反应条件下的物料衡算结果进行了分析，然后对共处理过程的反应性质，尤其对重质产物组成中沥青的性质进行了研究，并与 1L 反应釜的结果进行了对比。

2.3.6.1 不同反应条件下物料的衡算结果

在不同反应条件下，将反应产物总量与投料总量进行了对比，由于共处理反应涉及煤油浆的裂解，会产生水冷时不能冷凝的无机气体或有机轻组分，造成物料收料率不足 100%；而且一些物料会在釜内残余，造成损失。因此，可以将不足 100% 的部分定义为气体加损失（Gas＋Loss）率。需要说明的是，对于残余物料较多的反应，为防止残余物料对下一次反应的影响，对高压釜和蒸馏釜先进行清洗，然后再进行下一次反应。同时，经过实验也发现，个别反应收率高于 100%，可能是前次反应的残余物料随着这次反应而排出，即可认为这次反应将上次残余物料洗出。为了扣除这部分影响，对反应系统收料率进行了修正，数据修正的原则是水和油收率不变，即不修正水和油的收率，而主要修正重质产物（改性剂）的收率。修正后的物料衡算结果见表 2-17，同时在此表中将不同条件所得的改性剂进行了命名，表中 CAS 表示共处理重质产物。

表 2-17　修正后物料衡算结果

收率(改性剂名称) 反应条件： 煤油比/催化剂/时间/温度/气体环境	H₂O /%	Oil /%	CSA /%	Gas /%	CSA(共处理 重质产物)
0∶1/无/1h/400℃/H₂	0	8.35	86.66	4.99	CSA1
0∶1/无/1h/450℃/H₂	0.00	20.75	68.87	10.38	CSA8
1∶2/无/1h/400℃/H₂	0.21	7.35	83.44	9.00	CSA10
1∶2/Fe/1h/400℃/H₂	2.13	9.03	79.83	9.00	CSA2
1∶2/Fe/1h/425℃/H₂	2.68	17.16	71.16	9.00	CSA4
1∶2/Fe/1h/450℃/H₂	2.92	17.62	70.46	9.00	CSA3
1∶2/Fe/3h/450℃/H₂	1.72	21.87	67.41	9.00	CSA15
1∶1/0/1h/400℃/H₂	1.03	14.72	75.25	9.00	CSA11
1∶1/Fe/1h/400℃/H₂	0.96	15.29	76.19	7.57	CSA5
1∶1/Fe/1h/425℃/H₂	2.35	17.61	73.23	6.81	CSA6
1∶1/Fe/1h/450℃/H₂	3.38	19.34	67.28	10.00	CSA7
1∶1/Mo/1h/400℃/H₂	1.98	11.39	77.63	9.00	CSA12
1∶1/Mo/1h/400℃/H₂	1.74	9.43	79.83	9.00	CSA9

由表 2-17 可知，此处的共处理过程都会产生水，而前一节中的 1L 高压釜结果中没有水收率（约 10%），这与反应所选用的条件较缓和有关。另外，也与氢耗较少有关。

值得注意的是，油浆单独处理后，没有收集到水分，这与油浆的氧含量低有关；而它与煤共处理后产生水，说明水主要来源于煤，即水是由煤中的氧元素转化而来的。通过结果还可以看出，在相同反应条件下，温度提高后，产水率增加；当煤比例增加后，产水率增加。因为在氮气气氛下也会产生水，说明产生的水来自于煤中的氧和煤中的氢，而不是气相氢，即煤结构中的氢和氧结合生成水。

此外，在共处理过程中还收集到 7%～25% 的油品。油品收料的不同，主要是由于反应条件的不同所致，这在以后会详细讨论，但即使 25% 的油品收率也远低于煤直接液化或常规煤油共处理油品的收率（其值可达 60%）。在选择温和的共处理条件下，产率最高的是共处理重质产物，即 CSA，其值全大于 65%，部分超过 80%。因为产水率、油产率相对较低，说明共处理反应并没有导致煤油浆结构的大量开环，这样 CSA 中保留了高芳香结构。

2.3.6.2　反应条件对共处理反应的影响

对 FCCS4 在相同蒸馏条件下进行直接蒸馏，蒸出油品较低，约为 0.3%。在 400℃、氢气初压 5.0MPa 下单独加氢处理后，油品收率达 8.35%；在 450℃ 处理后，油品收率达 20.75%。此结果说明油浆在反应温度 400℃ 时会发生裂解，温度提高后，裂解更剧烈。因此，共处理温度选择在 400～450℃ 时，油浆自身会发生热裂解。而油浆在 1L 高压釜中单独处理后，通过转化率及产物分布看不到该结果。此外，FCCS4 单独处理后，四氢呋喃可溶物 THFS 达到 98％以上，而且在转化产物中，沥青产率最高，这与 1L 釜的反应结果近似。此外，还可以发现，油浆单独处理时，没有产生水，说明共处理水分来自于煤中，而这也与油浆的氧含量低相对应。

2.3.6.3 煤油浆比例对共处理反应转化率及产物分布的影响

在 400℃、Fe 催化剂、氢气气氛 5.0MPa（初压）下反应 1h 时，煤与油浆比例对共处理转化率及转化产物的影响见图 2-15。

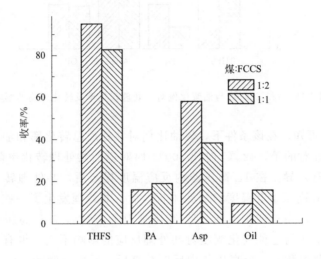

图 2-15　400℃ 时煤与油浆比例对共处理转化率及转化产物的影响

由图 2-15 可知，随着投料中煤比例的增大，共处理转化率下降；在转化产物中，沥青产率下降，而 PA 产率和油品产率增大，这一现象与 1L 高压釜的结果相同。这说明 PA 和油品在该条件下更多衍生于煤；而对沥青产率和共处理转化率来说，则油浆的贡献大。根据对煤结构分析，煤中有一些桥键、烷基侧链属于弱键，这些键易于断裂，而且裂解加氢后会生成油品。由于油浆已经经过裂化处理，已经制备过油品，所以该条件下（400℃）生成油品比煤要少，所以油品产率随着煤比例的增大而增加。而 PA 是较大分子，油浆单独处理时基本无 PA 产生。由于煤中大结构断裂后会生成 PA，即由煤衍生 PA 较多，所以 PA 随着煤比例增大而增加。但沥青产率则是随着煤比例的增大而减小，因此油浆对沥青产率的影响更大。同时由图 2-15 也可知道，在 400℃ 时，在共处理转化产物中沥青产率为最高；而且在 1L 高压釜结果显示该条件下所得沥青有好的流变性，对于该结论能否成立，在后面的研究中进行讨论。

在 425℃、Fe 催化剂、氢气气氛下，煤与油浆比例对共处理转化率及转化产物的影响见图 2-16。

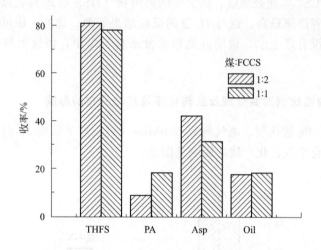

图 2-16　425℃ 时煤与油浆比例对共处理转化率及转化产物的影响

由图 2-16 可知，在该条件下，煤油比例对共处理总转化率和油收率已经影响不大。但值得注意的是，425℃ 时比 400℃ 时对应的共处理转化率降低，这与 1L 高压釜的结果有差异。在 1L 高压釜内反应温度提高后，共处理转化率并没有下降，说明在 50L 高压釜上温度增加到 425℃ 后，共处理发生了一些缩聚反应。比较其反应过程，首先氢初压不同，1L 高压釜为 7.0MPa，50L 高压釜为 5.0MPa。但研究显示，氢压的这种变化幅度对共处理反应的影响不大。再有因反应过程的不同（即为排气过程），1L 高压釜中反应结束后，反应釜激冷；而 50L 高压釜上反应结束后，先排气，时间大约为 1h，此时温度虽然逐渐下降，但仍较高，相当于反应时间的延长，而且是氢压逐渐降低的反应时间的延长。可能因为该过程的不同，而造成 1L 高压釜与 50L 高压釜的结果有异。对共处理产物进行后分析发现：PA 产率随着投料中煤比例的增大而增大，而沥青产率随着煤比例的增大而减少，这与在 400℃ 时反应的结果一致。

在 450℃、Fe 催化剂、氢气气氛下，煤与油浆比例对共处理转化率及转化产物的影响见图 2-17。

由图 2-17 可知，在煤油浆比例 1∶1 时，共处理转化率明显下降，不仅低于 1∶2 时的转化率，而且低于其他温度的共处理转化率，表明发生了严重缩聚反应；1∶2 时的共处理转化率并不明显下降，这说明油浆对缩聚反应有抑制作用。油浆含量高时，能更好地分散煤粒和煤自由基，而且能传递活性氢，在一定程度上抑制了缩聚反应的发生。此外，在煤油浆比例为 1∶1 时的共处理转化产物中，除油品产率略有增加外，PA 产率和沥青产率全部明显下降，这说明在缩聚反应中，较

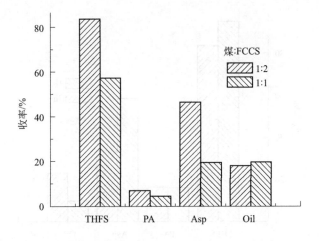

图 2-17　450℃ 时煤与油浆比例对共处理转化率及转化产物的影响

大分子的 PA 和沥青参与缩聚反应，导致它们的产率下降。而 1L 反应釜在 450℃ 并没有发生缩聚反应，说明共处理过程的扩大实验在温度提高后效果变差。

　　总之，在 50L 高压釜内，通过考察反应温度对共处理反应的影响，发现在低温 400℃ 时，结果与 1L 高压釜所得结论相同；在 425℃ 时，结果与 1L 高压釜所得结论有区别；在 450℃ 时，尤其在煤油浆比例为 1∶1 时，结果与 1L 高压釜所得结论相差较大。但是，分析其原因主要是在排气过程，它相当于反应时间的延长，尤其在 450℃ 时，该段的影响更大。当然这也与煤油浆的比例有关，高油浆浓度能抑制缩聚反应。许多研究者对煤液化或煤油共处理的机理进行研究时都发现：在高温时，随着反应时间的延长，缩聚反应加剧。这就是造成 50L 高压釜和 1L 高压釜反应结果有差异的根本原因。但这一问题在连续操作时不会出现。当反应达到设计的停留时间后，产物进入热分离器直接进行产物分离，可避免该问题的出现。

2.3.6.4　反应时间对共处理反应转化率及产物分布的影响

　　以煤油浆比 1∶2，在 400℃、Fe 催化剂、氢气气氛下考察了反应时间 1h、3h 对共处理转化率及转化产物的影响，结果见图 2-18。

　　由图 2-18 可知，对于总转化率，随着时间延长总转化率降低，说明发生缩聚反应。也说明 400℃ 时反应 1h 后，体系仍有热解反应发生，正是反应后期热解反应的缩聚导致反应 3h 时共处理转化率的下降。这也就证实了 425℃ 时和 450℃ 时反应 1h 后的排气过程会发生热解反应，排气过程相当于是反应时间的再延长，这会造成缩聚反应强度的增强。一般反应在温度不变时，随着时间的较长，裂解反应会逐渐减少，因此需要的活性氢减少，但仍然发生缩聚反应，说明在反应后期，体系活性氢严重不足。从共处理转化产物看，油品产率增加，PA 产率基本不变，

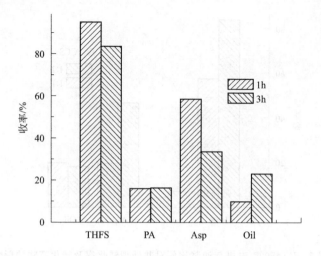

图 2-18　反应时间 1h、3h 对共处理反应转化率及产物分布的影响

而沥青产率降低；油品产率增加的速率不及沥青产率降低的速率而导致总转化率降低，但油品产率的增加说明在较低的 400℃ 反应时，延长反应时间有利于提高油品收率，这也是与文献报道一致的。

2.3.6.5　催化剂对共处理转化率及转化产物的影响

在煤油浆比 1∶1、400℃、氢气气氛下比较了无催化剂时以及存在 Fe 催化剂和 Mo 催化剂时对共处理转化率及转化产物的影响结果，见图 2-19。

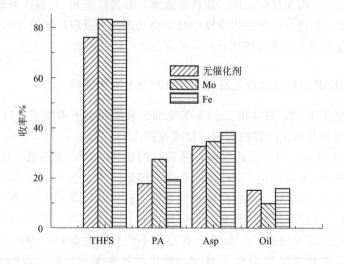

图 2-19　无催化剂时以及存在 Fe 催化剂和 Mo 催化剂时对共处理转化率及转化产物的影响结果

由图 2-19 可知，采用 Mo 催化剂和 Fe 催化剂的总转化率明显高于无催化剂时的总转化率，说明采用的 Mo 和 Fe 都有催化活性，这与文献的结果一致。而无催化剂时，总转化率虽然最低，但也超过 75%：这一方面是由于油浆本身 THF 可溶；另一方面，是由于其能对煤转化起到分散、供氢作用。用 Mo 作催化剂时，共处理转化产物中较重的 PA 产率和沥青产率较高，而轻质油品产率较低，说明 Mo能促进生成更多的重质产物。这可能是当煤和油浆裂解时，不仅有小分子产生，而且有大分子的自由基产生。这些大分子自由基直接被加氢稳定生成较大分子的 PA 和沥青，而没有转化成油品。由于反应温度较低，根据煤液化机理，反应主要发生在第一阶段，即煤裂解加氢生成 PA、沥青和油品，PA 和沥青向油品的进一步转化较少；而经过处理的油浆也不易向油品转化，主要是大分子产物。值得注意的是：无催化剂时油品的收率与 Fe 催化剂、Mo 催化剂类似，说明这些催化剂对油品的收率影响较小。

2.3.6.6　反应气氛对共处理反应转化率及产物分布的影响

在煤油浆比 1：2、400℃、Fe 催化剂、反应时间 1h 时，考察了氢气（H_2）和氮气（N_2）气氛对共处理转化率及转化产物的影响，结果见图 2-20。

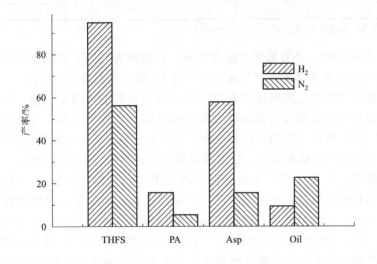

图 2-20　反应气氛对共处理反应转化率及产物分布的影响

由图 2-20 可知，与 H_2 气氛条件下的数据相比，N_2 气氛下的总转化率、PA产率及沥青产率均显著下降，这可能表明 N_2 气氛下反应系统的缺氢是主要原因。煤和油浆裂解生成的较大自由基相互缩聚为大分子；而在 H_2 气氛下，这些较大的自由基会被氢稳定成为较大 PA 分子或沥青分子。但可以发现，N_2 气氛下油品产率高于 H_2 气氛下的数据。但在 N_2 气氛下，共处理油品只有 23%，只是相对高于

该条件 H_2 气氛下的收率，远低于常规煤液化或共处理工艺中油品的收率。因此，决不能理解为在 N_2 气氛下进行常规煤液化或共处理工艺的收率会比 H_2 气氛下的收率高。在 N_2 气氛下，由于反应系统处于缺氢状态，小分子油品的增加，说明煤和油浆裂解生成的部分自由基会进一步裂解成小自由基。虽然 PA 产率、沥青产率及总转化率全部下降，说明大部分自由基相互缩聚生成大分子不溶物，但部分自由基也会转化成相对小分子的油品，导致油品收率反而高于 H_2 气氛下的收率。

2.3.6.7 共处理沥青路用性能分析

50L 高压釜反应后重质产物经过蒸馏时，控制终点蒸馏条件温度为 330℃、压力为 $-0.090MPa$，得到重质产物改性剂；后经过萃取得到沥青组分，其路用性能见表 2-18。

表 2-18 不同共处理条件下所得沥青的路用性能分析

路用性能	煤油比	1∶2	1∶1	1∶1	1∶1	1∶1
	催化剂	无	Mo	Fe	Fe	Fe
	温度	400℃	400℃	400℃	425℃	450℃
针入度(25℃)/cm		66	25	10.2	19.4	8.4
延度/cm		>150 (15℃)	>150(25℃)	>150 (25℃)	>150 (25℃)	>150 (25℃)
软化点/℃		38.3	45.0	55.7	53.1	55.7

注：蒸馏条件温度为 330℃、压力为 $-0.090MPa$。

由表 2-18 可知，沥青的针入度均较小，说明沥青较硬，但沥青仍然有高的延度（>150cm），说明沥青有好的流变性；与 1L 高压釜所得到的结论——煤与高芳香的催化裂化油浆共处理时能得到流变性好的共处理沥青结果一致，而好的流变特性对该沥青用作高等级道路沥青或高等级道路沥青改性剂都有重要的意义。通过对 400℃ 时共处理反应的分析和产物中沥青组分的分析，发现其结果与 1L 高压釜的结果非常近似，说明在 400℃ 时共处理反应的扩大实验效果较好。

当煤油浆比为 1∶2 时，共处理所得沥青明显比煤油浆比为 1∶1 时所得沥青软，表现为软化点更低、针入度更高。即提高投料中油浆的浓度所制得的沥青有更高的针入度、更低的软化点；而煤的贡献则相反：能提高共处理沥青硬度，这一点与 1L 高压釜所得到的结论相同，当然这也是容易理解的。此外，共处理沥青较硬也与蒸馏条件有关，可能蒸馏条件过于苛刻或蒸馏强度过高而导致沥青太硬。但同时也说明该条件下所得到的沥青就是硬沥青，而目前在公路界广泛使用的天然沥青也是硬沥青，而天然沥青主要用作改性剂，因此这样的沥青也可能会起到改性剂的作用。

通过上面的分析，发现因共处理沥青太硬，不满足国家高等级道路沥青标准，而共处理沥青的软硬与蒸馏强度有很大关系。因此，选择了三种反应条件，将蒸出的油品回加到重质产物中，再重新进行萃取，得到共处理沥青。通过控制蒸馏条件，将共处理沥青进行了路用性能分析，相关结果见表 2-19。

表 2-19　共处理沥青路用性能分析

煤油比	催化剂	反应温度/℃	蒸馏温度/℃	针入度 (25℃)/cm	软化点/℃	延度 (25℃)/cm
1：2	Fe	425	270	42	46.1	>150
1：2	无	400	200	50	44.3	>150
1：1	Fe	425	250	77	45.2	>150

由表 2-19 可知，在煤油浆比为 1：2、反应温度为 425℃ 时，共处理重质产物中甲苯可溶物经过 270℃ 蒸馏，可得到在针入度、软化点和延度等指标上符合国家高等级道路沥青 AH-50 标准的沥青；同样，对于另外两种反应条件，也可通过控制蒸馏条件分别得到在三大指标上满足国家高等级道路沥青 AH-50 或 AH-70 标准的沥青。值得注意的是，不同反应条件须对应一定的蒸馏条件才能得到三大指标符合国家高等级道路沥青的沥青。沥青属于胶体体系，只有沥青中的组分必须有合理的比例时，沥青才能有好的流变性。共处理不同的反应条件意味着煤和油浆不同的裂解规律，从而意味着不同的煤油浆接枝规律，这样会导致共处理沥青中含有不同的煤油浆衍生结构，则会导致沥青中有不同的组分比例。只有控制不同的蒸馏条件，才能得到自身比例协调的共处理沥青，从而得到流变性好的共处理沥青。

本实验使用的反应器是 50L 高压釜，这样就可在更大的装置上证实了前期的创新成果，即以煤油共处理制备高等级道路沥青；同时，这也是共处理反应扩大实验后的重要成果，它为煤油共处理重质产物的利用提供了进一步的依据和指导。

2.3.6.8　沥青分子量分析

沥青是由许多种结构复杂、分子量不同的化合物混合而成的，沥青的分子量除了受原料的影响外，还受到处理条件和蒸馏条件的影响。在控制蒸馏条件相同的条件下（330℃、-0.090MPa），用 GPC 法分析了不同共处理条件所制备沥青的分子量（M）的分布范围，并通过计算得到沥青的重均分子量（M_w），同时列出典型前沥青烯（PA）样品分子量，相关结果见表 2-20。

表 2-20　沥青分子量分析结果

反应条件 煤油比/催化剂/温度	M_w	$M<200$	$M=200\sim500$	$M=500\sim1000$	$M=1000\sim2000$	$M>2000$
1：2/无/400℃	502	12.56	56	18.54	9.18	3.72
1：1/Mo/400℃	534	12.07	54.15	19.37	9.83	4.58
1：1/Fe/400℃	576	11.49	51.54	20.28	10.99	5.7
1：1/Fe/425℃	534	12.12	52.72	20.84	10.16	4.16
1：1/Fe/450℃	442	13.49	58.3	19.35	6.86	2.01
PA[1]	858	7.87	41.89	19.43	15.29	15.52

① PA 为典型前沥青烯样品。

由表 2-20 可知，沥青分子量分布较广，既有分子量小于 200 的小分子，又有分子量大于 2000 的大分子。沥青的重均分子量随着条件变化相差较大，范围为 440～580；反应投料比例和催化剂对沥青分子量的影响较小。反应温度的影响较大，随着温度的升高，沥青分子量降低，这说明分子量的降低是由于发生了更强裂解反应所致。这一点与 1L 高压釜反应后沥青分子量的分析结果一致。应该说明的是，油浆在 50L 釜内单独处理时，沥青平均分子量为 340，明显低于共处理沥青平均分子量，而且根据文献显示，当物理混合煤沥青和石油沥青时，容易出现分层，胶体体系不稳定。只有通过共处理使之发生化学反应，才能得到流变性好、均一且稳定的胶体体系。因此，可以说共处理是制备流变性较好、性质稳定的关键。

此外，对典型的 PA 样品（反应条件为 1∶1/Mo/400℃）进行了分子量分析，发现 PA 也是不同分子量的混合物；而且 PA 大分子数量相对远高于共处理沥青中大分子的数量，这也导致 PA 有远高于沥青的重均分子量。

2.3.6.9 沥青组分的族组成分析

CSA 经溶剂萃取分离后，控制蒸馏条件为 330℃、−0.090MPa，得到共处理沥青。对该沥青进行了族组成分析；同样将沥青分为饱和分、芳香分、胶质和沥青质，相关结果见表 2-21。

表 2-21 沥青族组成分析结果

反应条件 煤油比/催化剂/温度	饱和分/%	芳香分/%	胶质/%	沥青质/%
1∶1/Mo/400℃	5.90	40.47	22.52	31.11
1∶1/Fe/400℃	6.48	50.14	18.92	24.46
1∶1/Fe/425℃	5.70	65.66	24.42	4.22
1∶1/Fe/450℃	27.49	63.73	7.18	1.60

由表 2-21 可知，共处理沥青组分随着反应条件的变化相差较大，随着温度的升高，沥青中相对较轻的饱和分和芳香分逐渐减少；而相对较重的胶质和沥青质逐渐增加，所以温度不仅导致共处理转化率及转化产物收率的变化，而且对沥青四组分也有重要影响。温度升高后，共处理反应中的裂解反应更剧烈，使产物向小分子方向转化。一般而言，沥青中从饱和分、芳香分、胶质到沥青质是一个分子量增大、极性增大的过程，所以温度升高可导致饱和分和芳香分增多，而胶质和沥青质减少。

当实验使用了 Mo 催化剂时，共处理有最高转化率，转化产物中重质产物较多；而且根据沥青四组分结果显示，含有较高的胶质和沥青质，说明 Mo 催化剂能促进生成更多的重质产物。因此，在温和条件下共处理时，应该考虑使用 Mo 催化剂。

2.3.6.10 共处理沥青红外分析结果

对共处理沥青进行了红外分析，仅分析了沥青中 OH¯（羟基）、芳香氢（Har）和脂肪氢（Hal）的峰面积，共处理沥青红外分析结果见表 2-22。

表 2-22 共处理沥青红外分析结果

反应条件 煤油比/催化剂/温度	OH¯	Har	Hal	Har/Hal
1∶2/无/400℃	3.077	4.544	80.33	0.057
1∶1/Mo/400℃	2.896	6.151	71.617	0.086
1∶1/Fe/400℃	2.017	2.164	49.39	0.044
1∶1/Fe/425℃	1.503	3.844	75.295	0.051
1∶1/Fe/450℃	5.444	4.455	72.28	0.062

当将 OH¯ 面积值与反应条件进行关联时，发现反应条件对 OH¯ 的影响规律性较差，需进一步分析。从结果看，共处理沥青的 OH¯ 面积值较小，为 1.5～5.5。另外，还可以看到，芳香氢面积为 2～6，而脂肪氢面积为 50～80。但是，由于这些结构的响应值不同，所以这些面积值并不能与氢含量简单对应。此外，共处理反应条件对共处理沥青中的芳香氢和脂肪氢的面积也有重要影响。与煤油浆比 1∶1 时相比，在 1∶2 时，共处理沥青中脂肪氢增多，说明脂肪氢可能更多衍生于油浆。结合对煤油浆共处理反应的研究，煤对共处理产物中 PA 和油品的贡献多，而油浆对共处理产物中沥青的贡献多，而且油浆中的氢含量高于煤中氢含量。该结果表明，油浆对共处理沥青中氢的贡献更多的是脂肪氢。

在煤油浆比为 1∶1，用 Mo 作催化剂时，共处理沥青有相对最高的芳香氢面积，说明煤转化更多，也说明 Mo 催化剂是比 Fe 催化剂更好的煤转化催化剂。另外，反应温度对共处理沥青中的氢也有重要影响。当温度升高后，沥青中芳香氢也相应增加，而脂肪氢也是呈增加的趋势。此外，芳香氢和脂肪氢的比值 Har/Hal 也被用于研究沥青的结构，随着反应温度的升高，该比值从 0.044 增加到 0.062。前面已讨论过，温度升高后，缩聚反应增加，而缩聚会导致共处理产物沥青中的氢含量增加（芳香氢、脂肪氢都增加），说明含氢多的产物不容易缩聚，在缩聚时优先将产物中高缩合（含氢低）的组分缩聚。当采用 Mo 催化剂时，比值 Har/Hal 有最高值 0.086；而采用 Mo 催化剂时，从前面对反应的研究可知共处理并没有发生缩聚反应，这就反映出 Mo 催化剂优良的促进煤转化性能。

我国的石油短缺已是不争的事实。由于我国经济的快速发展，原油需求将进一步扩大。石油进口量的增长使我国的能源安全问题凸显，因此寻找或开发具有自主知识产权的替代能源显得更为重要。

本章通过研究煤与催化裂化油浆共处理在研制共处理改性剂的同时，也副产一定量的油品。在共处理过程中，不仅产生的道路沥青或改性剂有很高的经济价值，油品也有重要的利用价值。虽然文献中对煤加氢及煤油共处理馏分性质的研究报道已经有很多，但对有关温和过程的馏分研究报道较少，对该油品的认识也较为粗浅。因此，深入地研究油品的性质，对于加深温和条件下加氢产物的综合利用、对于煤油共处理反应机理的认识以及工艺的优化与开发都是十分重要的。本章分析和研究的油品是在 50L 高压釜配套 40L 减压蒸馏装置上得到的，是直接蒸馏收集到的油品，没有使用过溶剂，因而也就避免了溶剂的污染。

2.4 本章小结

（1）油浆比煤对共处理 THFS 的贡献大。

（2）油浆浓度的增大是共处理产物中 PA 和［油＋气（O＋G）］产率减低的原因。

（3）当以煤与油浆匹配制流变性好的沥青时，油浆的高芳香分含量是关键。

（4）蒸馏条件间接影响沥青的路用性能。

（5）在 50L 高压釜内，通过反应温度对共处理反应的影响，发现在低温 400℃时，所得结果与 1L 高压釜所得结论相同。

（6）在 425℃ 时，所得结果与 1L 高压釜所得结论有区别。

（7）在 450℃ 时，尤其在煤油浆比例为 1∶1 时，所得结果与 1L 高压釜所得结论相差较大。但是，分析原因主要是在排气过程，它相当于反应时间的延长，尤其在 450℃ 时，该段的影响更大。当然这也与煤油浆的比例有关，高油浆浓度能够抑制缩聚反应。

3

煤沥青对石油沥青的改性与制备

本章分别介绍了液化沥青、煤沥青以及橡胶沥青对道路石油沥青的改性方法，还采用 MATLAB 编程方法模拟了反应过程。此外，还探讨了影响改性质量的因素。

3.1　液化沥青对道路石油沥青的改性

根据第 2 章的研究显示，在 1L、50L 高压釜内通过温和条件对煤与高芳香的催化裂化油浆共处理可以制得流变性好的沥青，而且能够在针入度、软化点、延度等指标上满足国家高等级道路沥青标准，可能会应用于高速公路建设中。由于该过程比共处理制油工艺过程简单并且条件相对温和，并且在制得优质道路沥青的同时，可得到一定的油和富烃气体，该新工艺的可行性评价在技术上和经济上是可行的。但是，经过研究发现，以煤与高芳香催化裂化油浆共处理制得的沥青，为了使其高流变性且在三大指标（针入度、软化点、延度）上满足国家高等级道路的沥青标准，必须控制蒸馏条件，而且控制的蒸馏条件一般低于石油沥青蒸馏条件。当提高蒸馏条件后，虽然沥青不能同时满足三大指标要求，但沥青仍有高延度，说明有好的流变性；而且此时的沥青呈硬沥青的性质（针入度低，软化点高）。此外，目前在公路界广泛使用的 TLA 也是硬沥青，而 TLA 主要用作改性剂，因此这样的沥青也可能会起到改性剂的作用。本实验选用的 TLA 为特立尼达（Trinidad）湖的天然沥青。除了上述与基质沥青的互溶性较好外，掺加 TLA 的改性沥青路面还具有良好的高温稳定性和低温抗裂性。TLA 改性沥青主要应用在重交通路面，如飞机场、桥面铺装、高速公路等。

通过笔者对 TLA 的进一步分析发现，TLA 还含有无机灰分、有机残渣等组分，而共处理重质产物也含有无机和有机残渣，组成比较近似。在这些背景下，本节对煤与油浆共处理重质产物（CSA）用作道路沥青改性剂进行了研究，并与进口的国外沥青改性剂 TLA 进行了对比。

3.1.1　液化重质产物改性石油沥青的制备

基质沥青与改性剂的混合采用在加温的条件下机械混合的方法，基质沥青与 CSA 或 TLA 按不同的质量比进行混合。调配方法和过程会直接影响改性沥青性质。本节采用了两种调配方法，由于涉及技术的保密不便公布，暂定义为调配方法 1 和调配方法 2。本章在具体分析改性沥青性质时，也只标明了调配使用的方法。

3.1.2　液化重质产物路用性能分析

表 3-1 是同一蒸馏条件下（330℃、−0.090MPa）所得共处理液化重质产物的路用性能。

表 3-1　共处理液化重质产物的路用性能

反应条件 煤油比/催化剂/温度	针入度 （25℃）/0.1mm	软化点/℃
1∶2/无/400℃	7	101
1∶1/无/400℃	4	134
1∶1/Mo/400℃	8	102
1∶1/Fe/400℃	1	136
1∶1/Fe/425℃	1	138
1∶1/Fe/450℃	0	＞150

由表 3-1 可知，液化重质产物的针入度较低，在 0～8 范围内；其软化点较高，大于 100℃，一些样品甚至大于 150℃。TLA 的针入度为 3，软化点为 87℃。相比较而言，TLA 针入度非常接近，而软化点稍低于共处理液化重质产物的软化点。当然液化共处理重质产物的软化点与蒸馏条件有关，控制蒸馏油品时的终馏温度会降低共处理重质产物的软化点，但蒸馏强度不宜过低，否则不能满足使用时的标准要求。

当其他条件相同时，在煤油浆比例为 1∶2 时，该液化重质产物的软化点为 101℃，明显低于 1∶1 时的 134℃。前面已讨论过煤对共处理沥青的作用是为增加硬度，而该结果表明煤对共处理重质产物的作用也是为了增加硬度；当使用 Mo 催化剂时，液化重质产物的软化点为 102℃，明显低于用 Fe 作催化剂时的重质产物软化点 136℃，这说明 Mo 催化剂能促进生成低软化点的液化重质产物。此外，反应温度也对液化重质产物有重要影响，反应温度的提高倾向于生成更硬的重质产物，结合前面对共处理反应性的讨论可知，随着温度的升高，缩聚反应加剧。因此，缩聚反应的加剧是液化重质产物软化点增大的原因。

3.1.3 液化重质产物的组成与性质

共处理液化重质产物 CSA 的组成对其性质及对以后的进一步利用有非常重要的影响，通过溶剂萃取将 CSA 分为沥青（甲苯可溶 THF 可溶物）、前沥青烯 PA（甲苯不溶 THF 可溶物）和残渣（THF 不溶物）；残渣又可通过灰分分析将其分为无机渣和有机残渣，共处理液化重质产物的组成见表 3-2。

表 3-2 共处理液化重质产物的组成

组成	煤油比	1:2	1:1	1:1	1:1	1:1	1:1	TLA
	催化剂	无	无	Mo	Fe	Fe	Fe	
	温度	400℃	400℃	400℃	400℃	425℃	450℃	
THFS/%		78.26	65.57	75.2	72.61	65.12	35.55	56.29
PA/%		25.74	23.26	33.3	24.4	24.07	6.27	0.73
Asp/%		52.52	42.31	41.9	48.21	41.05	29.28	55.56
Ash/%		2.52	2.54	2.63	5.15	6.25	7.07	35.73
有机残留物/%		19.22	31.91	22.17	22.24	28.63	57.38	7.98

由表 3-2 可知，共处理反应条件对 CSA 组成有重要影响，但除在高温 450℃时的反应外，大多数共处理 CSA 中 THF 可溶物较高，占 65% 以上；而部分条件下可溶物能达到近 80%。分析液化重质产物组成规律后，可以发现，增大投料中油浆的比例，则 CSA 中的 THF 可溶物增大，这也是容易理解的。当用 Mo 催化剂时，有比 Fe 催化剂时更多的 THF 可溶物，这也说明了 Mo 催化剂具有良好的催化性能。共处理反应温度也对 CSA 组成有重要影响。可以看到，当煤油浆比为1:1时，随着共处理温度的升高，液化重质产物中 THF 可溶物下降。结合对共处理反应性的分析，温度升高后，缩聚反应加剧，导致液化重质产物中 THF 可溶物下降。此外，共处理液化重质产物都含有一些灰分（Ash），数值从 2.5%～7.5%，这些灰分一方面来源于煤中的灰分，另一方面与加入的催化剂有关。在重质产物中，剩余部分为有机残渣，可能来源于未反应的煤粒或缩聚反应产生的大分子不溶物。

同时还对 TLA 组成也进行了分析，结果也列在表 3-2 中。由表 3-2 可知，TLA 与 CSA 有一定的组成近似性，但又不完全相同。TLA 的组成中 THF 可溶物占 56%，略低于 CSA 的 THF 可溶物含量（除了表 3-2 中所列出的 1:1/Fe/450℃反应条件）。TLA 与 CSA 组成的主要区别是 TLA 含较高灰分，而

CSA 灰分较低。TLA 含较低的前沥青烯和有机残渣，而 CSA 含有较多前沥青烯和有机残渣。本章重点关注了这些不同的组分对 TLA 与 CSA 性质有何影响以及是如何影响的。

3.1.4 液化重质产物结果分析

3.1.4.1 液化重质产物红外分析和 H/C 分析

对共处理液化重质产物 CSA 进行了红外分析，仅分析了其中 OH⁻、芳香氢（Har）和脂肪氢（Hal）的峰面积，同时对液化重质产物的氢碳原子比（H/C）进行了分析，相关结果见表 3-3。

表 3-3　液化重质产物的红外和 H/C 分析结果

反应条件 煤油比/催化剂/温度	OH⁻	Har	Hal	Har/Hal	H/C
1∶2/无/400℃	62.43	1.71	27.48	0.062	0.851
1∶1/Mo/400℃	49.27	2.08	27.94	0.074	0.827
1∶1/Fe/400℃	62.18	3.03	46.26	0.065	0.810
1∶1/Fe/425℃	50.03	2.2	20.53	0.107	0.766
1∶1/Fe/450℃	42.72	0	18.62	0	0.649

从表 3-3 结果可知，共处理 CSA 的 OH⁻ 面积值较大，为 42～62，远高于共处理产物沥青中 OH⁻ 的面积 1.5～5.5，说明在 CSA 中的残渣或 PA 含有高的 OH⁻ 结构。另外，还可以看到，芳香氢面积为 0～3，而脂肪氢面积为 18～46，都分别低于共处理产物沥青中芳香氢和脂肪氢的面积，分别为 2～6 和 50～80。说明共处理沥青有更高的氢含量，这也说明液化共处理产物中 PA 和残渣的氢含量较低，当然这与 PA 和残渣有更高的缩合度相对应。此外，共处理反应条件对 CSA 芳香氢和脂肪氢的面积有重要影响。当反应温度升高后，沥青中芳香氢和脂肪氢面积全部下降，说明温度的升高导致 CSA 中氢量下降。由于温度升高会导致缩聚反应加剧，氢量下降说明缩聚为富碳缺氢的大分子程度加剧。在 450℃ 时，芳香氢面积几乎为 0，说明该条件下 CSA 产物的高度缩聚。

H/C 分析表明，在煤油浆比为 1∶2 时，即使无催化剂存在，CSA 仍占 H/C 值的 0.851，高于不同条件下 1∶1 时的 H/C 值，说明油浆对 CSA 中氢的贡献比煤多，这与原料的元素分析结果一致（元素分析结果也显示油浆比煤更高的 H/C 值）。在煤油浆比为 1∶1，并使用 Mo 催化剂时，H/C 值是 0.827；相对高于 Fe 催化剂时 H/C 值 0.810，说明 Mo 催化剂优良的加氢性能。而共处理反应温度对

CSA 的影响也能通过 H/C 值反映出来。可以看到，随着反应温度的升高，H/C 值减少，同样说明温度升高导致缩聚反应的加剧。

3.1.4.2 搅拌方式对共处理液化重质产物改性道路沥青的影响

先对搅拌方式或混合方法进行了研究，选择比较了手动搅拌和高剪切乳化分散机的机械剪切搅拌差别（仅列出三种改性剂），见表 3-4。

表 3-4　手动搅拌与剪切搅拌的比较

混合方式	改性沥青	针入度(25℃)/0.1mm	软化点/℃	延度(25℃)/cm
手动搅拌	90CSA2	92	45.0	29
剪切搅拌	(90CSA2)	67	46.3	56.5
手动搅拌	90CSA5	67	48.6	27.0
剪切搅拌	(90CSA5)	55	48.9	42.0
手动搅拌	90CSA6	97	46.2	22
剪切搅拌	(90CSA6)	50	47.1	42.5

可以看到改性沥青的性质相差很大：剪切搅拌与手动搅拌相比，90CSA2 针入度从 92 变到 67，明显降低了；软化点从 45℃ 变为 46.3℃，有所升高；而延度从 29cm 变到 56.5cm，增加近 1 倍，其他改性沥青的结果规律类似。所测指标全部表明剪切搅拌使沥青变硬，且延展性提高。一般而言，物料变硬后，延展性应该下降。但这里不存在类似情况，表明分散的重要性。该结果也表明剪切搅拌使改性剂更均匀分散在基质沥青中，手动搅拌不能达到理想的效果。因为改性剂含残渣、灰分等不溶组分，它们的分散对沥青性质的影响非常大，高剪切分散乳化剂本身就是高效、快速、均匀地将在通常情况下互不相溶的一个相或多个相分布到另一个连续相中，该结果就表明了它的有效性。

3.1.4.3 改性剂粒度对改性性能的影响

机械剪切搅拌能明显提高改性沥青的性能，分析原因：一方面是高速旋转破坏了改性剂颗粒之间的表面张力；另一方面是依靠剪切头将改性剂破碎，使改性剂均匀分散在基质沥青中，形成均匀体系，取得好的改性效果。但其到底有多大的作用，是否所有颗粒都能被剪切成小颗粒并均匀分散在沥青中，还需要进一步探究。因此，还考察了粒度对改性沥青性能的影响，比较了颚式破碎（jaw crusher）的粗颗粒与气流粉碎（air jet mill）后颗粒粒度对改性沥青（同样的剪切条件）性能的影响。颚式破碎后，改性剂含有较大颗粒，虽没有做过粒度分析，但明显可看出一些颗粒的粒径属于毫米级；而气流粉碎后颗粒的粒径明显变小，其粒径分析结果见表 3-5。

表 3-5　气流粉碎后粒径分析结果

粒径/μm	组成/%	总计/%	粒径/μm	组成/%	总计/%
1.00～1.17	0	0	8.06～9.98	9.08	34.94
1.17～1.45	0.49	0.49	9.98～12.37	11.03	45.97
1.45～2.00	1.30	1.79	12.37～15.32	12.57	58.54
2.00～2.76	2.18	3.97	15.32～18.98	12.91	71.45
2.76～3.42	2.18	6.15	18.98～23.51	11.50	82.95
3.42～4.24	3.00	9.15	23.51～29.12	8.62	91.57
4.24～5.25	4.08	13.23	29.12～36.08	5.26	96.83
5.25～6.51	5.47	18.70	36.08～44.69	2.42	99.25
6.51～8.06	7.16	25.86	44.69～55.36	0.75	100.00

由表 3-5 可知，气流粉碎后，改性剂最大粒径为 55.36μm，而绝大多数粒径是在 4～30μm，明显低于颚式破碎的颗粒粒度。实验选择了两种改性剂 90CSA11 和 90CSA15，改性剂与基质沥青质量比为 20%：80%。选用调配方法 1，进行了改性剂与基质沥青的混合，比较了粒度对改性沥青性能的影响，相关结果见表 3-6。

表 3-6　粒度对改性结果的影响

破碎方法 性能	颚式破碎		气流粉碎	
	90CSA11		90CSA15	
软化点/℃	47.3	49.2	48	48.5
针入度(25℃)/0.1mm	51	53	51	54
延度(25℃)/cm	40	69	28	53

由表 3-6 可知，改性剂粒度的不同，改性沥青的性质也不同，改性剂经气流粉碎后所制得的改性沥青明显比颚式破碎后所制得的改性沥青软化点高，但针入度变化不大。由于改性沥青体系的结果好坏影响最大的是延度指标，本实验从延度指标看，其影响非常大。改性剂 90CSA11 经气流粉碎后所制得的改性沥青延度，比颚式破碎后所制得的改性沥青延度增加超过 70%；而改性剂 90CSA15 经气流粉碎后所制得的改性沥青延度增加近 1 倍，充分说明改性剂粒度对改性沥青性质有明显影响。该结果表明仅仅通过剪切是不能将改性剂颗粒都磨细到气流粉碎所需粒度。

3.1.4.4　共处理改性剂对不同基质沥青的改性

从液化共处理产物分析，煤油浆比例及反应条件的变化直接影响共处理反应，从而影响 CSA 性质，并最终影响改性沥青的性质。表 3-7～表 3-9 分别列出不同共处理条件下所得的 CSA，对于 70#沥青、90#沥青、110#沥青软化点、针入度的改性效果；所选方法为调配方法 1，为方便对照同时也列出了 TLA 对该基质沥青的改性结果。

表 3-7　不同改性剂对 70# 沥青的改性作用

改性剂	无	TLA	CSA10	CSA2	CSA11	CSA5	CSA9
改性含量/%	0	25	25	25	25	25	25
基质沥青/%	100	75	75	75	75	75	75
针入度(25℃)/0.1mm	70	45	64	63	71	54	55
软化点/℃	47.2	53.2	48.8	47.8	50.2	50.6	49.1

注：针入度（0.1mm）为 100g、5s。

表 3-8　不同改性剂对 90# 沥青的改性作用

改性剂	无	TLA	CSA2	CSA4	CSA3	CSA5	CSA6
改性剂含量/%	0	25	25	25	25	25	25
基质沥青/%	100	75	75	75	75	75	75
针入度(25℃)/0.1mm	95	46	67	76	59	43	50
针入度(15℃)/0.1mm	35	19	20	28	20	19	18
软化点/℃	44.2	49.8	46.3	46.2	47.9	48.9	47.1

注：针入度（0.1mm）为 100g、5s。

表 3-9　不同改性剂对 110# 沥青的改性作用

改性剂	无	CSA2	CSA4	CSA3	CSA5	CSA6
改性剂含量/%	0	25	25	25	25	25
基质沥青/%	100	75	75	75	75	75
针入度(25℃)/0.1mm	103	74	70	68	53	59
针入度(15℃)/0.1mm	38	22	19	23	16	20
软化点/℃	41.0	45.7	47.3	46.9	49.3	47.3

注：针入度（0.1mm）为 100g、5s。

由表 3-9 可知，在同样的混合比例和条件下，不同 CSA 改性剂都改变了基质沥青的性质，且不同改性剂对同一基质沥青的改性结果也有不同。显然根据路面的需要，控制共处理过程的工艺条件就可得到不同的改性剂，调制出不同的道路沥青。同时还可以看出，CSA 与 TLA 的改性作用类似；在所用配比范围内，对不同基质沥青均有改性效果。总体而言，改性沥青比基质沥青的软化点更高，针入度更低，显得更硬。例如，在 90# 沥青中加入 25% 的 TLA 后，可以显著降低原 90# 沥青的针入度（25℃时针入度由 95 降至 46；15℃时针入度由 35 降至 19）；在 90# 沥青中加入 25% 的 CSA5 后，25℃时针入度由 95 降至 43；15℃时针入度由 35 降至 19。

另外，通过比较表 3-7～表 3-9 可知，同一改性剂对不同基质沥青的改性结果不同；同一改性剂对软沥青的改性效果大于对较硬沥青的改性效果，如 CSA2 使 70# 沥青 25℃时针入度由 70 降至 63；使 90# 沥青 25℃时针入度由 95 降至 67，15℃时针入度由 35 降至 20；使 110# 沥青 25℃时针入度由 103 降至 74；15℃时针入度由38降至22。同时还可以看到，同样比例时，由共处理投料时煤含量较高所制得的CSA（如CSA5、CSA6、CSA9），所制得的改性沥青针入度更低，软化点更高。说明当同样改性比例条件时，煤含量高时所得到的改性剂能使改性沥青更硬。另外，不同反应温度制得的CSA改性沥青效果不同，说明反应温度对CSA有重要影响；也说明反应温度对CSA有重要影响：一方面温度越高，裂解更剧烈，制得的改性剂分子量越小，改性沥青应该更软；另一方面，随着温度的升高，共处理反应又会加剧缩聚反应，导致分子量增加，从而使改性沥青应该更硬。反应结果是热解反应和缩聚反应的结合，随着不同的反应条件（包括时间、催化剂等），所进行的反应会有所差别。因此，共处理工艺条件对改性沥青最终的性能有明显影响，即不同条件所制得的CSA对同一基质沥青改性的效果也不相同。由于CSA改性剂制法可控、可变，因此通过控制或调整共处理条件，可形成系列改性剂。当CSA用作改性剂时，可以根据需要设计或调整，这样CSA改性剂克服了TLA改性剂性质单一的局限。

3.1.4.5　改性剂加入比例对改性沥青性质的影响

由上面的讨论可知，同一改性剂与不同基质沥青调配后能得到不同性质的改性沥青，而不同改性剂对同一基质沥青改性时也能得到不同性质的改性沥青，那么在给定单一改性剂与单一基质沥青情况下能否得到不同性质的改性沥青，改性剂的加入量是如何影响改性沥青性质的，还需要进一步研究。因此，对改性剂的加入比例进行了考察，并选择改性剂CSA9与90$^\#$沥青进行了不同比例调配的研究，选择的调配条件为调配方法1，相关结果见表3-10。

表3-10　在调配方法1下改性剂加入比例对改性沥青性能的影响

性能 \ CSA9比例	0%	10%	15%	20%	25%
软化点/℃	44.2	47.8	48.8	49.2	50.1
针入度(25℃)/0.1mm	95	65	59	47	42
延度(25℃)/cm	150	89	80	70	58

由表3-10可知，随着改性剂比例的增加，改性沥青性质呈规律性变化。软化点随着改性剂比例的增大而增高，针入度随着改性剂比例的增大而降低，说明随着改性剂加入量的增加，改性沥青逐渐变硬。由于共处理改性剂自身软化点较高、针入度较小，因此它的添加使改性沥青变硬，这是容易理解的。但改性沥青延度随着改性剂加入量的增大而降低，说明改性沥青流变性能的下降。当然，这可能与所用的调配条件有关。因此，在另一种调配条件下（即调配方法2），对改性剂CSA9与90$^\#$沥青进行了不同比例调配的研究，对改性沥青性能的影响见表3-11。

表 3-11　在调配方法 2 下改性剂加入比例对改性沥青性能的影响

性能　　　CSA 比例	0%	5%	10%	15%	30%
软化点/℃	44.2	48.7	49.9	50.4	52.3
针入度(25℃)/0.1mm	95	59	56	49	39
延度(25℃)/cm	>150	>150	>150	>150	118

由表 3-11 可知，随着改性剂比例的增加，改性沥青性能呈规律性变化。软化点随着改性剂比例的增大而增高，针入度随着改性剂比例的增大而降低，是逐渐变硬的趋势。但是，延度仍然较高，改性剂加入量从 5% 直到 15% 时，延度都大于 150cm。当改性剂加入至 30% 时，此时的改性沥青针入度已经下降到 39，软化点也大于 52℃，说明该改性沥青已经比较硬；但此时延度仍大于 100cm，说明有好的流变特性。

将表 3-11 的改性结果与表 3-10 相比较，同样比例的改性剂所制得的改性沥青软化点高于表 3-10 的调配结果，说明该调配方法对基质沥青的改性效果影响更大，尤其对延度效果的影响更高于表 3-10 的调配延度；同时，说明该方法所调改性沥青性能要优于调配方法 1 所调改性沥青的性能，也说明调配方法 2 更适合该改性剂 CSA9 与基质沥青调配的方法。

调配方法 2 与调配方法 1 的主要区别在于它们混合的温度和时间不同。分析后认为，调配温度的提高，可促进改性剂的软化溶解，这有利于与基质沥青的互溶，可改善改性沥青性能。但是，温度的提高会加剧基质沥青的老化，这又会导致改性沥青性能的下降；调配时间的主要作用是通过延长时间以增加改性剂在基质沥青中的溶解量，但时间过长会加剧改性沥青的老化，导致改性沥青性能的下降。调配温度和调配时间对改性沥青性质的影响是综合作用的结果，即调配温度的影响离不开时间的作用，调配时间的影响也与调配使用温度有关。改性沥青的最终性能与这些条件相关，应该综合考虑。

3.1.4.6　液化重质产物不同组分对基质沥青的调配结果

通过上面的研究，发现 CSA 能够明显改善石油沥青的性能，表明调配工艺对改性剂在基质沥青中的分散非常重要。但是，由于改性剂组成非常复杂，因此通过研究改性剂的改性机理所得到的结论也相对粗浅。如果能将改性剂组成进行拆分，分为几种组分，再研究各个组分的改性机理，就能进一步深入探究改性剂的改性机理。因此，本节主要讨论了改性剂组分的改性作用，并对其中的改性机理进行了探讨：先将 CSA 通过溶剂萃取方法分离成为三种组分：沥青（Asp）、前沥青烯（PA）和残渣；然后进行了单独组分或复合组分对基质沥青的改性。所选择的调配工艺为适合 CSA9 的调配方法（调配方法 2），下面分别进行讨论。

（1）共处理组分对基质沥青的单独调配　将 CSA 中三种组分按照共处理重质

产物的组分含量，分别按比例加入基质沥青中，在同样条件下调制得到改性沥青，并与 CSA 改性沥青进行了对比，相关结果见表 3-12。

表 3-12   CSA9 组分调配后的改性结果

性能 改性剂	10％Asp	5％PA	5％残渣	20％CSA	基质沥青
软化点/℃	46.3	47.8	48.8	50.8	44.2
针入度(25℃)/0.1mm	72	76	75	44	95
延度(25℃)/cm	>150	106	112	>150	>150

由表 3-12 可知，这三种组分对基质沥青都有改性作用。加入 10％（占总改性沥青的质量）的共处理沥青组分后，软化点稍有增加，针入度下降。但是，当延度大于 150cm 而且在显微镜下观察时，体系无颗粒存在，说明 CSA 沥青组分能在基质沥青中互溶。加入沥青组分后的高延度说明，该改性沥青有高流变性。加入前沥青烯 PA 和残渣组分后，在显微镜下观察，体系有颗粒存在，说明 PA 和残渣并不能与基质沥青互溶。当加入 5％PA 组分后，沥青软化点高于加入 10％沥青组分后的软化点，而且加入 5％的残渣软化点更高于 5％PA 的残渣软化点。充分说明这些组分在改性沥青时的差别，可能与它们的化学结构有关。

对改性沥青性能影响最大的是延度。当加入 PA 和残渣组分后，改性沥青延度明显下降，但整体加入时延度大于 150cm，说明经过萃取后 PA 和残渣组分发生新的变化，这种变化与萃取过程有关。由于它们有强的极性，即 PA 和残渣都是极性很强的大分子，说明在萃取分离过程中，发生新的团聚或聚合作用。这些聚合或团聚在同样的调配条件下并不能使单独 PA 和残渣组分再均匀分散在基质沥青中。但是，包含 PA 和残渣组分的 CSA 在整体改性后延度大于 150cm，说明整体加入时沥青组分对 PA 和残渣组分能起到增溶、分散的作用。从该结果可知，关键是沥青组分的存在，促进了改性剂的整体改性效果。由于其能与石油沥青互溶，而且它的结构与 PA 和残渣有很多相似性，即沥青能促进 PA 和残渣的分散或部分溶解，从该结果中可认为沥青 Asp 组分是改性 90# 基质沥青时起关键作用的组分。

另外，对由不同组分调制的改性沥青与基质沥青性质进行了对比，相关结果见表 3-13。

表 3-13   CSA9 各组分的作用

性能变化 改性剂	10％Asp	5％PA	5％残渣	20％CSA
软化点变化/℃	+2.1	+3.6	+4.6	+6.6
针入度变化/℃	-23	-19	-20	-51
延度变化/℃	—	<-44	<-38	—

由表 3-13 可知，CSA 改性沥青软化点比基质沥青软化点增加 6.5℃；而 CSA 的组分调配后，沥青 Asp 改性沥青软化点增加 2.1℃，PA 改性沥青软化点增加 3.6℃，残渣改性沥青软化点增加 4.6℃，即总重质产物改性沥青软化点的增加并不是组分改性沥青软化点增加的简单加和。同样 CSA 改性沥青针入度的下降，也不是组分改性沥青针入度下降的简单加和，说明 CSA 组分会发生相互作用。从该结果也可看出，从提高软化点的角度来讲，改性剂组分中 PA 和残渣的作用大于沥青组分的作用；从流变角度来讲，沥青组分加入后比其他组分加入后的延度值高，且改性沥青保持大于 150cm 的延度，而且正是沥青组分的存在使 CSA 保持高延度值，说明沥青组分协同提高了 PA 和残渣的溶解分散，即它是共处理重质产物整体作为改性剂效果好的关键组分。

（2）共处理组分对基质沥青的复合调配　从上面分析可知，改性剂组分之间会发生相互作用，而且也推断出沥青组分能对 PA 和残渣起到助分散作用。那么究竟两种组分共存时能否进一步观察到这种协同作用，为此又对 CSA 组分进行了两种组分的复合调配，相关结果见表 3-14。

表 3-14　不同 CSA9 组分配比的作用

性能 ＼ 改性剂	10%Asp+5%PA	5%PA+5%残渣	基质沥青
软化点/℃	47.8	49.3	44.2
针入度(25℃)/0.1mm	63	66	95
延度(25℃)/cm	111	71	>150

由表 3-14 可知，复合改性后的改性沥青比基质沥青的软化点增加，针入度降低；而且可以看出，10%Asp+5%PA 复合改性后与 PA 单独组分改性的软化点相同，而且针入度降低值也不是同样比例组分单独改性后针入度降低值的加和，说明 PA 和沥青复合组分与基质沥青之间发生了相互作用，并不是简单的物理混合。当 PA 和残渣组分复合改性时，改性沥青软化点高于单独组分的改性，针入度的降低值也高于组分单独改性时的降低值，说明 PA 和残渣都对基质沥青有改性作用。但从延度值看，PA 和残渣组分复合改性后，延度值明显下降，说明 PA 和残渣组分复合改性后，改性沥青的延展性进一步变差。

3.1.4.7　石油沥青改性后的抗老化性能

抗老化性是路用沥青的最重要性质之一，抗老化性质好意味着路面的耐久性强；路面的使用时间越长，则维修频率会降低，也会带来显著的经济性效益。一般的沥青在放置或使用过程中都会引起老化，但老化程度随着过程不同和沥青性质的差异有着明显不同。

（1）温度在改性沥青老化过程中的作用　沥青改性后的抗老化性是评价改性剂的重要指标。根据文献研究显示，导致沥青老化的主要因素之一是温度，因此研究改性沥青的老化行为时首先考察了温度的作用。老化实验具体为：在空气自然对流情况下，分别将改性沥青样品在不同温度下存放一定时间，然后通过老化前后的性质变化得到该沥青的抗老化性能，具体结果见表3-15。

表 3-15　温度对 90CSA10 性质的影响

老化条件	改性沥青	25℃,90d	135℃,12h	163℃,5h
软化点/℃	46.5	46.8	47.5	53.2
针入度(25℃)/0.1mm	49	49	43	32
延度(25℃)/cm	40	36	40	34

由表 3-15 可知，在室温下老化 90d 后，仅软化点增加 0.3℃，针入度没变，延度也可认为没变，因此可以说改性沥青在室温下放置 90d 后的性质几乎没有变化；但当温度升高到 135℃、老化 12h 时，可以看到软化点每升高 1℃，针入度下降了 6℃，延度并没有变化，说明在 135℃、老化 12h 时对改性沥青性质有影响，沥青变硬；而在 163℃、老化 5 时，沥青也变硬，而且可以看到软化点升高了近 7℃，针入度下降 17，降幅达 35%，比 135℃、老化 12h 时的沥青更硬。

这些数据说明，当温度提高后，改性沥青的老化加剧，沥青向变硬的方向转变。根据文献显示，沥青在老化过程中主要发生的化学变化如下：氧含量增加，即沥青吸氧，导致沥青变硬；另外，沥青的一些不稳定组分（如烯烃键等）发生相互缩聚反应，向分子量增大的方向转变。当然沥青中一些轻组分的挥发，也会导致沥青变硬。因此，沥青老化是综合作用的结果，高温对沥青的老化作用非常明显。

（2）改性沥青的薄膜烘箱实验　温度对沥青的老化有重要影响，但路用性能优良的路面在铺建时需要沥青与石料先高温拌和。因此，这个过程的老化不可避免。可采用薄膜烘箱老化实验，专门用于测定热量及空气对石油沥青薄膜的影响，主要针对或模拟拌和过程的老化，即薄膜烘箱老化实验后的沥青性质接近于掺入道路中的沥青质量。通过测试老化前后沥青性质的变化，最终反映沥青的抗老化性能、感温性能。该方法能直接反映沥青的抗老化能力。

将不同 CSA 制得的改性沥青（基质沥青为 90[#] 沥青）进行薄膜烘箱老化实验。所选择的调配方法为调配方法 1，改性剂占总改性沥青质量的 25%。为详细分析不同改性剂对改性沥青老化行为的影响，将改性剂按照反应时投料中煤油浆的比例分为 1∶1 和 1∶2。其中，1∶1 时的改性剂制得的改性沥青老化结果见表3-16；1∶2 时的改性剂制得的改性沥青老化结果见表3-17。

表 3-16　薄膜烘箱老化实验老化前后改性沥青的性能（改性剂由煤油浆比 1∶1 的物料制备）

改性剂	CSA5	CSA11	CSA12	基质沥青
软化点/℃	48.9	47.3	47.7	44.3
针入度(25℃)/0.1mm	55	51	50	95
延度(25℃)/cm	42	40	29	>150
闪点/℃	>230	>230	>230	>230
经过薄膜烘箱后				
软化点/℃	56.1	53.8	55.3	48.7
针入度(25℃)/0.1mm	39	38	39	57
针入度比/%	70.91	74.51	78.00	60.00
延度(25℃)/cm	32	30	27	>150
质量损失/%	0.098	0.297	0.250	0.100

表 3-17　薄膜烘箱老化实验老化前后改性沥青的性能（改性剂由煤油浆比 1∶2 的物料制备）

改性剂	CSA10	CSA15	基质沥青
软化点/℃	46.5	48	44.3
针入度(25℃)/0.1mm	49	51	95
延度(25℃)/cm	40	28	>150
闪点/℃	>230	>230	>230
经过薄膜烘箱后			
软化点/℃	53.2	54.3	48.7
针入度(25℃)/0.1mm	32	34	57
针入度比/%	65.31	66.70	60.00
延度(25℃)/cm	35	26	>150
质量损失/%	0.316	0.153	0.100

　　以煤油浆比 1∶1 时制得的改性剂在改性沥青后，性质有了明显变化。在采用薄膜烘箱老化实验后，与改性沥青相比，其性质也有明显变化。老化后改性沥青的软化点增加 6~8℃，针入度下降 11~16 单位，说明改性沥青在老化过程中逐渐变硬。分析上述原因，首先是一些轻组分的挥发，大多数沥青在老化过程中有蒸发损失，即一些轻组分会损失掉。另外，在 163℃、有氧状态下会发生一些氧化反应和部分缩聚反应，向分子量增大的方向转变，而导致沥青变硬。可以看到，改性沥青老化后延度降低，说明老化过程会造成沥青流变性能的下降。需要说明的是，针入度比（薄膜烘箱老化实验后的针入度与原样针入度的比值）也是反映改性沥青抗老化性、温度敏感性的重要指标，其数值越大表明该改性沥青的感温性能越好，抗老化能力越强。可以看到，改性沥青针入度比高于 70%，大于基质沥青的针入度比。由于针入度比能反映沥青的抗老化性和感温性能，说明基质沥青经煤油浆投料比例 1∶1 制得的改性剂改性后，沥青的感温性能和抗老化性能得到明显改善。此外，可以看到，改性沥青经老化后，蒸发损失不大，小于 0.5%，有利于满足铺路过程中闪点的要求。

　　当使用煤油浆比 1∶2 时的改性剂改性沥青时，老化后其性质变化的结果与

1：1时改性剂改性沥青变化的结果类似，即改性沥青老化后也变硬。由表3-17可知，该类改性沥青针入度比在60%～70%，大于基质沥青针入度比60%。说明加入共处理改性剂后，使基质沥青的抗老化性能和感温性能得到部分改善。但使用煤油浆比1：2时的改性剂调制的改性沥青针入度比小于煤油浆比1：1时的改性沥青针入度比（＞70%），说明煤油浆比1：2时的改性剂对基质沥青的改善性能不及1：1时的改善性能；也说明在共处理制备过程中，随着投料中煤含量的增大有利于提高基质沥青的感温性能和抗老化性能。

根据煤液化机理，煤的结构单元核心是缩合芳环，烟煤一般由3～5个环缩合而成，在选择的温和条件下共处理时，主要是侧链、官能团、桥键等的断裂，而不是结构单元的开环，因而共处理重质产物CSA中包含了由煤衍生的高芳香分结构。通过对CSA中沥青组分的分析，CSA沥青的胶质和沥青质较多。根据沥青胶体理论，胶质能够改善沥青的流变性、黏附性，沥青质能改善沥青的感温性能；胶质和沥青质的适度增加，能改善沥青的感温性能，其表现为薄膜烘箱的针入度比增大。当然，这些改性机理还需要进一步的实验加以证明。此外，研究还显示：煤单独的液化产物与减压渣油等物理混合后，因为煤自身的结构与石油沥青的结构差异较大，产物会分层；而石油沥青衍生于石油渣油，因此可以想象，单独的煤液化产物与石油沥青调和后也可能分层。因此，单独的煤液化产物不是好的改性剂。油浆的加入正好可以起到"桥梁"的作用，其自身含高芳香分，能促进煤的转化；而且由于其衍生于石油，有利于在基质沥青中的分散，能将共处理产物稳定地分散在基质沥青中，形成稳定的胶体体系。

（3）改性剂加入比例对改性沥青老化性能的影响　从上面分析可知，CSA改性剂能改善沥青的抗老化性能，这势必与改性剂加入量有关。因此，考察了改性剂加入比例对改性沥青抗老化性的影响。选择CSA9改性剂为代表，使用调配方法1，相关结果见表3-18。

表3-18　CSA9加入比例对改性沥青抗老化性的影响

比例 性能	25%	20%	17%	15%	0%
软化点/℃	50.1	49.2	47.7	48.8	44.2
针入度(25℃)/0.1mm	42	47	55	59	95
延度(25℃)/cm	58	70	70	80	＞150
闪点/℃	＞240	＞240	＞240	＞240	＞230
经过薄膜烘箱后					
软化点/℃	55.7	53.4	53.1	52.2	48.7
针入度(25℃)/0.1mm	31	34	37	40	57
针入度比%	73.81	72.34	67.27	67.80	60
延度(25℃)/cm	46	56	58	64	＞150
质量损失/%	0.293	0.216	0.235	0.110	0.100

由表 3-18 可知，随着改性剂加入量的增大，改性沥青性能呈规律性变化，这与前面的讨论结果一致，这里不再详述。值得注意的是，当改性沥青老化后，随着改性沥青中改性剂比例的增加，改性沥青性能也呈规律性变化，软化点呈升高趋势，针入度呈下降趋势；而且可以看到，随着改性剂加入量增加，改性沥青老化后的针入度比呈升高趋势，说明增大改性剂的使用量，有利于改善基质沥青的感温性能和抗老化性能。同时，还发现改性沥青的闪点和蒸发损失能够满足指标要求，说明该沥青可用于高等级公路建设。

（4）CSA 组分改性沥青的薄膜烘箱老化实验评价　通过上述分析，可以知道：CSA 改性剂能改善基质沥青的抗老化性，而且其抗老化能力与改性剂的加入量有关。但改性剂中哪种组分的贡献最大，是否所有组分都有影响，这也是本小节需要解决的问题。同样以 CSA9 为代表进行了实验，以考察 CSA9 不同组分对改性沥青抗老化的影响。CSA9 组分与 90# 基质沥青的调配采用调配方法 1，老化同样采用薄膜烘箱老化实验法，相关结果见表 3-19。

表 3-19　CSA9 组分对改性沥青抗老化性的影响

组分（比例）　　　性能	Asp （15∶85）	PA （5∶95）	PA （10∶90）	残渣 （5∶95）	残渣 （10∶90）
软化点/℃	46.3	46.3	47.4	46.7	48.3
针入度(25℃)/0.1mm	60	81	72	81	72
延度(25℃)/cm	＞150	40	36	43	36
闪点/℃	＞230	＞230	＞230	＞230	＞230
经过薄膜烘箱后					
软化点/℃	52.3	51.3	52.9	50.7	51.5
针入度(25℃)/0.1mm	45	48	41	53	45
针入度比/%	75.0	59.26	56.94	65.43	62.5
延度(25℃)/cm	＞150	39	29	40	34
质量损失/%	0.290	0.150	0.157	0.080	0.086

由表 3-19 可知，Asp 组分改性沥青老化后延度大于 150cm，仍然有非常好的流变性；而且在显微镜下观察，老化后样品均匀、光滑，说明 Asp 改性沥青老化后仍与基质沥青互溶；而且 Asp 组分老化沥青的针入度比较高，达 75.0%。说明改性剂中的沥青组分，能有效改善基质沥青的抗老化性能和感温性能。而 PA 和残渣在该条件改性后，沥青延度均下降，以致老化后延度也较低，而且可以看出改性沥青在老化后的针入度比均较低，与基质沥青近似。说明组分改性时，PA 组分和残渣组分不及 Asp 组分更能改善基质沥青的抗老化性能和感温性能；也说明 PA 组分和残渣组分对基质沥青的改性作用有限，而且在增大 PA 组分和残渣组分的改性剂量至 10% 时，改性沥青的针入度比与 5% 时相近，这也说明 PA 组分和残渣组分的改性作用有限。

3.2 煤沥青性质对改性沥青的影响

根据本书的研究目的和设计的实验方案，本节研究选用了 2 种煤沥青、1 种石油沥青作为调配实验的实验原料，利用电热套数字控温加热；以 0.5L 敞口容器作为反应器，调配性能优良的混合沥青。

3.2.1 添加剂的选取

本研究选用的两种添加剂分别如下。

(1) 表面活性剂（十二烷基苯磺酸钠），分子式为 $C_{18}H_{29}NaO_3S$。

(2) SBS（苯乙烯-丁二烯-苯乙烯嵌段共聚物），牌号为 YH-791，结构为线型。

3.2.2 实验方法

将煤沥青利用粉碎机粉碎，使得煤沥青能够全部通过 100 目分样筛，将制好的煤沥青粉末放入密封容器并标记，阴凉干燥处保存。

将煤沥青放入粉碎机中，粉碎一定时间（10min 为宜），然后过分样筛，将煤沥青分为粒度 100 目、80 目、60 目、40 目、20 目。

取一定量的基质沥青置于已经称重的 0.5L 敞口容器（质量为 m_1），再次称重为 m_2，则基质沥青的质量为（m_2-m_1）。用温控电热套加热基质沥青至一定温度，此时基质沥青为流动状态，放入搅拌机搅头；然后将已经称重的煤沥青 [m_3，质量比 $\eta=m_3/(m_2-m_1)$] 粉末加入基质沥青后开始计时，搅拌一定时间，即制得改性沥青。

3.2.3 煤沥青性质对改性沥青的影响

为了开发一种新型、性能优良的沥青改性剂，首先应考察沥青改性剂自身因素对改性沥青的影响。本节从煤沥青的角度研究其对改性石油沥青性能指标的影响，考察煤沥青添加比例、煤沥青种类、煤沥青粒度以及搅拌方式对改性沥青性能（软化点、针入度、延度、抗老化性能）的影响。

3.2.3.1 混合沥青软化点的变化规律

混合沥青软化点体现的是该沥青抗高温变形能力。当使用软化点较低的沥青材料筑路时，在夏季高温季节容易使路面承重变形而形成车辙，甚至导致路面毁坏，故沥青软化点为衡量沥青性能的重要指标。

本研究将 CTP1 和 CTP2 利用粉碎机粉碎全部过 100 目分样筛，分别对 70[#] 沥青改性，并标记为搅拌 1（即 Blend 1）和搅拌 2（即 Blend 2）。采用内掺法，即煤沥青与石油沥青的质量比分别取 0/100、5/95、10/90、15/85、20/80、25/75，混合沥青在不同煤沥青掺加量下的软化点变化规律如图 3-1 所示。

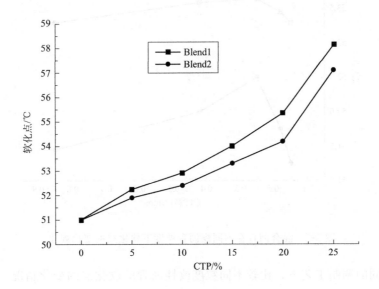

图 3-1　混合沥青在不同煤沥青掺加量下的软化点变化规律

分析图 3-1 中沥青软化点的变化规律可知：混合沥青的软化点，随着煤沥青掺加量的增加而增大。在沥青软化点的变化线上，每两点间线段的斜率代表在相同煤沥青增加比例下，软化点的变化快慢。由图 3-1 可知，随着煤沥青的增加，软化点温度的增加也越来越快；可知煤沥青的加入可以大幅改善混合沥青的高温性能。比较 Blend 1 和 Blend 2 的软化点变化曲线后发现：不同的煤沥青对于石油沥青的改性效果不同。两条曲线间所形成的面积，代表不同煤沥青对石油沥青改性效果的差异，可以看出随着煤沥青掺加比例的提高，两种煤沥青对石油沥青的改性效果差别也越来越明显，但是不改变煤沥青有助于提高改性沥青材料高温性能的总趋势。

分析其可能的原因：由于本研究使用的中温煤沥青属于一种硬质沥青，通过族组分测试也发现，煤沥青中含有较高的沥青质与胶质等硬质组分。煤沥青的加入使得混合沥青中，沥青质的组分大幅提高，胶质组分相应增加，从而宏观上表现为混合沥青软化点的大幅提高，有效地改善了混合沥青的高温性能。

为进一步研究煤沥青性质对混合沥青软化点性能的改善情况，本研究采用不同粒度的煤沥青，考察在相同掺加量（15％）下对混合沥青软化点指标的影响，并采用不同的搅拌方式调制混合沥青，比较不同的搅拌方式，以及对混合沥青的改性效果，从侧面研究不同搅拌方式对煤沥青粒度的破碎情况。混合沥青在不同煤沥青粒度下软化点的变化规律如图 3-2 所示。

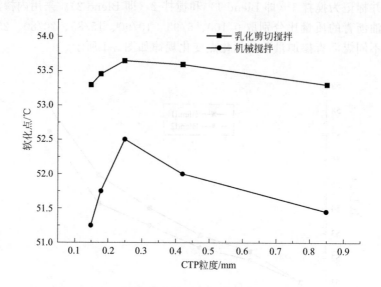

图 3-2　混合沥青在不同煤沥青粒度下软化点的变化规律

在相同的调制工艺下，比较不同粒度改性沥青的软化点的变化情况。由图 3-2 可知：煤沥青的粒度对混合沥青的软化点有明显影响，表现为随着煤沥青粒度的增加，混合沥青的软化点先增加后减小；当加入粒度为 0.250mm 时，混合沥青的软化点达到最大，即此粒度下的煤沥青对石油沥青高温性能的改善效果最好。同时比较不同搅拌方式，以及对混合沥青的软化点影响规律后发现：乳化剪切搅拌所得到混合沥青的软化点要明显高于机械搅拌；同时，比较两种搅拌方式的软化点线发现：在机械搅拌下，粒度对混合沥青的软化点产生的变化幅度较大。

分析这种变化规律的原因是由于软化点的测试原理为在缓慢的温度升高过程中，测试的是小球掉落的温度。从另一个角度可以理解为：软化点实际上为不同温度下，沥青材料对重物（小球）的支撑作用大小。由于不同粒度的煤沥青掺入石油沥青后，一些未能被石油沥青溶解的煤沥青微粒在混合沥青的连续相中形成骨架，对所承受的载荷有一定的支撑作用，表现为随着煤沥青粒度的不断增加，软化点呈上升趋势。但是，并非煤沥青粒度越大越好：当煤沥青颗粒增加到一定的程度时，石油沥青不能支撑煤沥青的重量，从而形成两相分离；表现为软化点呈下降的趋势。本研究认为石油沥青对煤沥青最大承受粒度为 0.250mm，再大的煤沥青颗粒将导致石油沥青与煤沥青的两相分离。

分析剪切搅拌与机械搅拌两种方式对改性沥青软化点的影响规律可能是：由于剪切搅拌机转子的高速旋转能够提供较高的切线速率和机械效应，使物料在定子与转子之间狭窄的间隙中受到强烈的液力剪切、离心挤压、液层摩擦、撞击撕裂和湍流等综合作用。简单机械搅拌使用的是离心式搅拌头，使混合沥青在调制的过程中，形成涡流。在搅拌头的带动下，物料间相互挤压、碰撞、互溶形成新的混合胶体体系。很明显，剪切搅拌对煤沥青具有进一步破碎的作用，表现为：煤沥青的大粒度对混合沥青软化点的影响相较于机械搅拌趋于平缓。因为较大的煤沥青颗粒在通过剪切搅拌头的过程中再次被破碎，比较两条软化点线后发现，剪切搅拌制得的混合沥青软化点线全部高于机械搅拌。可能的原因是：在剪切搅拌混合过程中，石油沥青和煤沥青的二次结合要优于机械搅拌。

3.2.3.2 混合沥青针入度的规律

混合沥青的针入度不仅反映沥青材料黏度的大小，而且反映沥青的流变性能，并作为沥青材料分级的主要依据。本研究考察了煤沥青种类、煤沥青掺加比例、煤沥青粒度、不同搅拌方式对混合沥青25℃针入度的影响规律。煤沥青种类与掺加比例对混合沥青针入度的改性规律见图3-3。

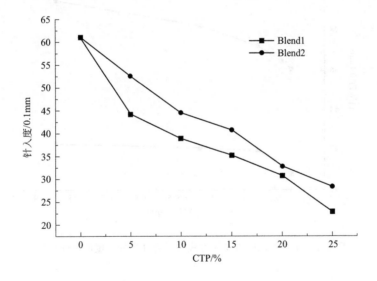

图 3-3　煤沥青种类与掺加比例对混合沥青针入度的改性规律

由图3-3可知：不同煤沥青对石油沥青的改性效果不同，针入度曲线斜率反映的是不同煤沥青对石油沥青针入度的影响程度，显然CTP1比CTP2对石油沥青的改性作用更大。同时，随着煤沥青掺加比例的增加，混合沥青的针入度减小，且二者几乎为线性关系。分析以上规律可能的原因在于：由于不同煤沥青的组成成分存在差别，决定了其对石油沥青改性效果的差别，同样两条针入度线所包围的面积大小反映不同煤沥青改性效果的差别。随着煤沥青掺加比例的增加，沥青中重质组分的含量增加，使得混合沥青的黏性增大，宏观表现为混合沥青针入度的减小。

由图 3-4 可知：在机械搅拌方式下，随着煤沥青粒度的增加，混合沥青的针入度有增大趋势。这是由于一定质量的煤沥青，单个颗粒越大，煤沥青颗粒数目越少，石油沥青与煤沥青接触的面积就越小，二者相互溶解的可能性就越小，煤沥青中进入石油沥青中的组分就越少，煤沥青对石油沥青的改性效果就不明显。故混合沥青保持了原来石油沥青较大的针入度。而剪切搅拌的方式则有所不同，粒度较大的煤沥青颗粒在搅拌的过程中多次通过剪切搅拌头，粒度大小发生了二次破碎。在图 3-4 曲线中，当煤沥青粒度超过 0.25mm 后，针入度数值没有明显增大，第二次说明剪切搅拌的搅拌头可以将煤沥青颗粒磨碎到 0.25mm 以下，对小于 0.25mm 的煤沥青颗粒的磨碎作用有限。比较两种不同搅拌方式的针入度曲线发现，剪切搅拌得到的针入度数值普遍小于机械搅拌，说明不同的搅拌方式对沥青胶体结构的再生也有一定的作用，剪切搅拌促进了石油沥青和煤沥青间的相互作用效果。

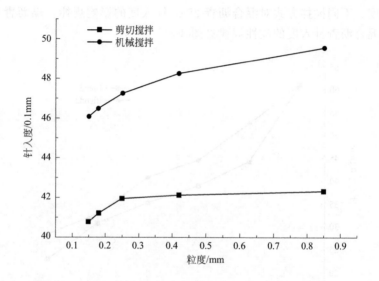

图 3-4　煤沥青粒度与搅拌方式对混合沥青针入度的改性规律

3.2.3.3　混合沥青延度的规律

沥青材料的延度代表沥青材料受到挤压后恢复原状的能力，即沥青材料的弹性性能。延度较大的沥青材料用于筑路时，得到的路面行车舒适度更好，且抗车辙能力更强。本研究采用 25℃ 延度和弹性模量综合讨论混合沥青的延展性能，具体结果如下。

由图 3-5 可知，混合沥青的 25℃ 延度随着煤沥青掺加量的增加，呈明显下降趋势，煤沥青掺加比例对混合沥青延度影响较大。但 Blend 1 和 Blend 2 的延度曲线几乎一致，说明煤沥青的种类对混合沥青延度的影响较小。在延度实验过程中观察到：在沥青样品拉丝的过程中，沥青样品经常在两个煤沥青颗粒间出现断裂，这是由于在样品延度测试拉伸过程中，煤沥青颗粒作为新的应力点出现，而造成线性拉伸的应力非均匀分布，进而使得处于煤沥青颗粒间的沥青承受更大应力，直接影响了试样的延度指标。为进一步研究粒度对混合沥青延度的影响，本研究考察了煤沥青粒度、搅拌方式对混合沥青延度的改性规律。煤沥青粒度与搅拌方式对混合沥青延度的影响规律见图3-6。

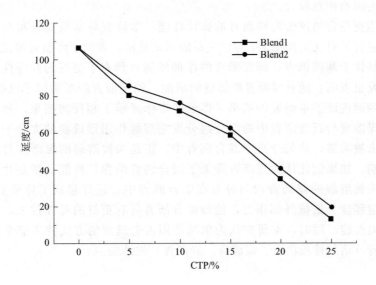

图 3-5　煤沥青种类与掺加比例对混合沥青延度的影响规律

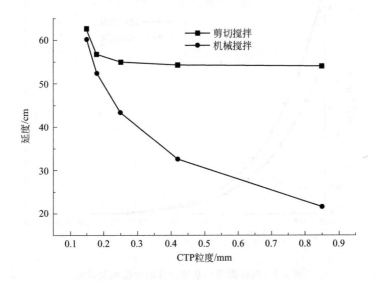

图 3-6　煤沥青粒度与搅拌方式对混合沥青延度的影响规律

由图 3-6 可知：用机械搅拌方式得到的混合沥青延度大幅小于剪切搅拌的延度。在机械搅拌方式下，混合沥青延度快速下降。在实验过程中也发现：该方式下的混合沥青试样中有明显的煤沥青颗粒，且颗粒越大，越容易拉断混合沥青试样。然而，剪切搅拌方式得到的混合沥青延度则有所不同，在煤沥青颗粒小于0.25mm 下，与机械搅拌的规律相似，当煤沥青成颗粒超过 0.25mm 时，剪切搅拌的优势凸显出来。在实验过程中还发现煤沥青和石油沥青的混合均匀程度，对延度指标的影响相对较大。

为了能更综合地评价改性沥青的弹性性能，本研究对基质沥青和改性沥青的弹性模量进行了对比。由图 3-7 弹性模量的测试显示：添加了煤沥青的混合沥青弹性性能明显优于基质沥青，即煤沥青的添加使沥青具有了更好的弹性性能。曹东伟等的研究也表明：随着煤沥青添加量的增加，调配沥青的车辙因子也随之增加。此外，从侧面佐证了本研究的结果，即延度指标显示了相反的结果。分析其可能的原因：煤沥青与石油沥青中的部分组分发生溶解作用形成新的大分子物质，另一部分则未被溶解，均匀分布于混合沥青中。正是未被溶解的煤沥青对延度指标造成了影响。如果就此认为煤沥青降低了混合沥青的弹性性能显然是片面的；恰恰相反，未被溶解的煤沥青均匀分布在混合沥青中，正好起到了骨架支撑作用，可以在一定程度上抵抗外部压力，使得混合沥青具有更好的弹性性能，表现为更好的抗车辙性能。同时，本研究认为单纯使用古老延度的方法并不能全面反映某些改性沥青（诸如橡胶沥青、煤沥青、岩沥青）的性能。

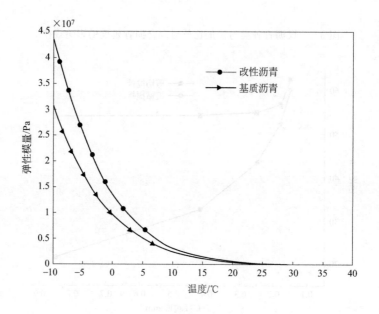

图 3-7　改性沥青与基质沥青的弹性模量对比

3.2.3.4 混合沥青抗老化性能的变化规律

为了进一步说明煤沥青改性石油沥青抗老化性能的变化规律，研究了煤沥青掺加比例为5%、15%、25%时混合沥青的抗老化性能，讨论老化前后的25℃时针入度变化、软化点变化和质量损失，相关结果见图3-8。

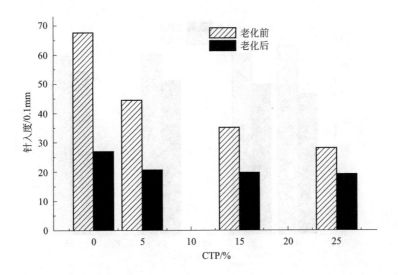

图 3-8　不同煤沥青添加比例老化前后的针入度对比

薄膜烘箱老化既包括沥青材料吸收空气中的氧气老化，也包括自身的轻质组分（油分、芳香分等）受热缩聚或逸散等多重作用的综合过程。一般采用针入度比、软化点增值、质量损失等指标衡量沥青材料的抗老化性能。

针入度比按照下式计算：

$$K_p = (P_2/P_1) \times 100 \tag{3-1}$$

式中，K_p 为经过老化后沥青的针入度比，%；P_1 为薄膜烘箱老化前沥青试样的针入度，0.1mm；P_2 为薄膜烘箱老化后沥青试样的针入度，0.1mm。

软化点增值按下式计算：

$$\Delta T = T_2 - T_1 \tag{3-2}$$

式中，ΔT 为薄膜烘箱老化后软化点的增值，℃；T_1 为薄膜烘箱老化前的软化点，℃；T_2 为薄膜烘箱老化后的软化点，℃。

质量损失按照下式计算：

$$LT = (m_2 - m_1)/(m_1 - m_0) \times 100 \tag{3-3}$$

式中，LT 为薄膜烘箱老化质量变化，%；m_0 为盛样皿质量，g；m_1 为薄膜烘箱老化前盛样皿与试样的总质量，g；m_2 为薄膜烘箱老化前盛样皿与试样的总质量，g。

由图 3-8 可知经过薄膜烘箱老化实验后，沥青的 25℃针入度都呈减小趋势，向变硬的趋势发展。随着煤沥青掺加量的增加，沥青的针入度比大幅提高。由图 3-9 可以看出：老化后，沥青的软化点较老化前有所提高，煤沥青的加入使石油沥青软化点的增值减小。图 3-10 为添加不同煤沥青比例时在老化前后的失重比。研究失重比时取正值作图，可以看到混合沥青中煤沥青比例的增加，使得失重比增加。

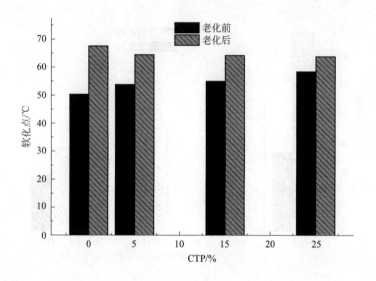

图 3-9　不同煤沥青添加比例老化前后的软化点对比

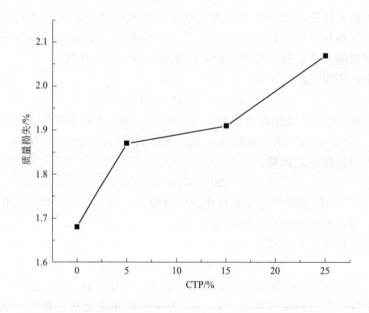

图 3-10　添加不同煤沥青比例时在老化前后的失重对比

为进一步讨论煤沥青对混合沥青抗老化性能的影响，对掺加有不同粒度煤沥青的混合沥青抗老化性指标进行了测试。在其他条件相同的工艺调配下，由图 3-11 可知，煤沥青粒度增大，针入度比减小。由图 3-12 和图 3-13 可知，加入粒度较小的煤沥青时，混合沥青的软化点比相对较小。说明煤沥青粒度对混合沥青的抗老化性能有所影响，可能是由于煤沥青中的组分与石油沥青中部分组分发生了化

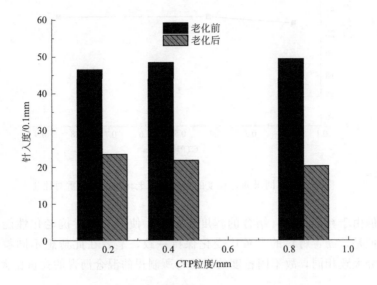

图 3-11　不同煤沥青粒度的混合沥青老化前后的针入度对比

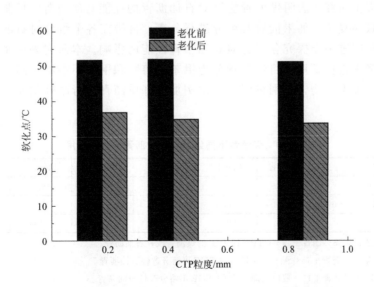

图 3-12　不同煤沥青粒度的混合沥青老化前后的软化点对比

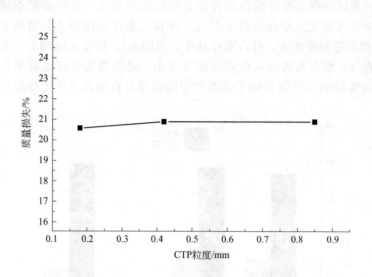

图 3-13　不同煤沥青粒度的混合沥青老化前后的失重对比

学作用。但由于粒度不同，结合的程度也不同，使混合沥青抗老化性能的改变也不相同。但是，沥青材料的失重比变化保持一致，笔者在此猜想不同粒度的煤沥青所含成分大致相同，故不同粒度的煤沥青所制得的混合沥青的失重比大致相同。

3.2.3.5　煤沥青不同组分对基质沥青的改性作用

　　通过以上研究，表明煤沥青能够对石油沥青的性能有所改善。但是，由于煤沥青组分较为复杂，如果能对其组分进行分离，再研究各个组分对石油沥青的改性作用，就能进一步探究各组分对石油沥青性能的影响。本研究采用甲苯、四氢呋喃对煤沥青进行萃取，将煤沥青分为甲苯可溶物和甲苯不溶物、四氢呋喃可溶物和四氢呋喃不溶物，分别按照一定比例加入基质沥青进行改性实验，相关结果见表 3-20。

表 3-20　煤沥青不同组分对基质沥青的改性作用

改性剂	基质沥青	Blend 1	Blend 2	Blend 3	Blend 4	Blend 5
软化点/℃	51	54	54.75	57.0	49.5	56.4
针入度(25℃)/0.1mm	61	40.8	38.8	30.5	47.1	34.3
延度(25℃)/cm	106.1	62.6	>144	15	>144	30

　　注：Blend 1 为 85％沥青＋15％CTP，即 15％的煤沥青改性石油沥青。

　　Blend 2 为 85％沥青＋15％Asp，即 15％的 THF 可溶分改性石油沥青。

　　Blend 3 为 85％沥青＋15％残值，即 15％的 THF 不溶分改性石油沥青。

　　Blend4 为 85％沥青＋15％PA，即 15％的甲苯可溶分改性石油沥青。

　　Blend5 为 85％沥青＋15％CST，即 15％的甲苯不溶分改性石油沥青。

由表 3-20 可知，煤沥青的各组分对基质沥青都有改性作用。相较于基质沥青，加入 15％的 CTP 后，软化点由 51℃ 上升为 54℃，针入度有所减小，从 6.1mm 变化为 4.08mm；延度大幅减小，从 106.1cm 减小为 62.6cm。

通过等质量换算，以 15％甲苯可溶物（标志为 PA）作为改性剂，软化点为 49.5℃，不仅低于加入 15％CTP 的软化点 54℃，也低于基质沥青软化点。针入度为 4.71mm，介于二者之间；但延度却大幅增加，超过 144cm。在实验过程中发现，沥青样品中没有明显的改性剂颗粒；然而加入 15％的甲苯不溶物作为改性剂时发现，软化点上升为 56.4℃，针入度下降为 3.43mm，延度则快速下降为 30cm。由此可见，煤沥青中甲苯可溶的组分，可以改善沥青延度指标，有效地改性沥青的流变性能。但是，其会使沥青的软化点下降，影响沥青的高温性能。

依据同样的计算方法，加入 15％THF 可溶物（标记为 Asp）对基质沥青改性后发现：沥青的软化点为 54.75℃，稍高于经 CTP 改性的 54℃，高于基质沥青的 51℃；针入度几乎与经 CTP 改性的针入度相近，分别为 3.88mm 和 4.08mm。但是，延度却大幅提高至＞144cm，不仅高于经 CTP 改性的延度，更高于基质沥青的延度。加入 15％THF 不溶物后，各项指标的变化幅度则相对较大，表现为：软化点由 54℃ 上升为 57℃；针入度减小为 3.05mm，延度则减小至 15cm。

通过本研究认为，以甲苯萃取可将 CTP 分离为两个部分。其中，一部分为油分＋残余沥青烯，属于轻质组分（γ 树脂）；另一部分为前沥青烯＋残渣，属于重质组分。采用四氢呋喃（THF）萃取，将 CTP 分为类沥青组分和残渣（或焦渣）两个部分。

分析以上实验现象的原因：煤沥青中的轻质组分（甲苯可溶分），能够大幅提高沥青的流变性能，使得改性沥青延度增加，但是会在一定程度上影响沥青材料的高温性能。煤沥青中的重质部分（甲苯不溶分），可以有效改善沥青的高温性能，但是在很大程度上破坏沥青材料的延度，进而影响了沥青的流变性能和抗压力恢复性能。煤沥青中的残渣（或称为焦渣）对沥青的改性是有害的，不但不能改善沥青的高温性能，而且极大地破坏了沥青的流变性能，使改性沥青的延度降低为 15cm；而且在搅拌过程中，可以观察到明显的改性剂颗粒。通过延度实验拉丝过程也可看到颗粒的存在。THF 可溶物为类沥青物质，与基质沥青有很好的相容性，用其改性沥青，不但可以起到 CTP 增加基质沥青软化点的作用，还能使得改性沥青的延度指标更好，说明 THF 可溶物是煤沥青改性石油沥青性能最关键有用的组分。

如果可以对煤沥青进行组分分离，将得到 THF 的可溶分用于沥青改性，则可以实现改性沥青指标的重大突破。显然煤沥青对石油沥青的改性是各组分共同协调作用的结果。

3.2.4 煤沥青改性石油沥青机理分析

煤沥青与石油沥青都是化学成分极为复杂的超级混合物，以往的研究仅简单地对煤沥青改性石油沥青制得的混合沥青性能指标进行评价，关于煤沥青与石油沥青的结合机理则鲜有报道。本节拟采用几种简单的方法对煤沥青和石油沥青的结合机理进行探究，并提出二者的结合模型。

3.2.4.1 简单计算法

本节首先假设煤沥青与石油沥青仅为简单的物理结合，则二者形成的混合沥青三大指标应该遵循加和性。

各个指标应遵循下式：

$$M = \alpha A + \beta C \tag{3-4}$$

式中，M 为混合沥青的性能指标，即加和计算值；A 为基质沥青的性能指标；C 为煤沥青的性能指标；α、β 分别为石油沥青、煤沥青在混合沥青中所占质量分数。

由表 3-21 可知：就软化点这一指标而言，实际测量值要稍微小于理论计算值。随着煤沥青掺加比例保持在 5％～25％，软化点的理论偏差值分别为 0.2℃、1℃、1.35℃、1.45℃、0.1℃。总体而言，偏差值不是很大。对于针入度指标来说，理论计算值要远大于实验测量值，二者的差值分别为 1.44mm、1.60mm、1.82mm、2.00mm、2.53mm。可以看出，二者的偏差值呈增大趋势。对于延度而言，由于煤沥青属于硬质沥青的一种，其延度按 0cm 计算，二者的延度指标的差值为 20.94cm、23.8cm、31.21cm、49.61cm、66.46cm，同样二者的差值随着煤沥青掺加比例的增加而增大，对沥青延度指标损害的程度越大。

表 3-21　混合沥青各性能的理论计算与实验测量结果

样品	软化点/℃		针入度(25℃)/0.1mm		延度(25℃)/cm	
	Results*	Results**	Results*	Results**	Results*	Results**
基质沥青	51	51	61	61	106.17	106.17
Blend A	52.45	52.25	58.45	44.1	101.34	80.4
Blend B	53.9	52.9	55.9	38.9	96	72.2
Blend C	55.35	54	53.35	35.2	90.24	59.03
Blend D	56.8	55.35	50.8	30.8	84.94	35.33
Blend E	58.25	58.15	48.25	22.94	79.63	13.17
100% CTP	—	80	—	10	—	0

注：1. Blend A 为 95％沥青＋5％CTP；Blend B 为 90％沥青＋10％CTP；Blend C 为 85％沥青＋15％CTP；Blend D 为 80％沥青＋20％CTP；Blend E 为 75％沥青＋25％CTP。

2. Results* 为计算结果；Results** 为实验结果。

通过比较不同煤沥青掺加比例下，关于混合沥青的软化点、针入度、延度三大指标的计算值和实测值之间的差值，可以发现：煤沥青添加比例越大，二者的差值越大，且差值并非上下波动，说明混合沥青的性能指标不遵循煤沥青和石油沥青间的简单加和性质。以上说明煤沥青与石油沥青的结合并非为性能上简单的物理混合，而且煤沥青掺加比例越大，偏差越明显，则越是不能将混合沥青看成是二者的简单混合，即在一定程度上否定了性能指标的线性关系。

3.2.4.2 族组成分析法

由于沥青的化学成分较为复杂，一般采用的柱液体色谱方法是利用不同溶剂的溶剂极性，对沥青样品进行分段处理。本研究使用的溶剂依次为正庚烷、甲苯及甲苯-乙醇（体积比为1：1）；将样品组分依次分为饱和分、芳香分、胶质，剩余未展开的组分为沥青质，见表3-22。

表3-22 混合沥青的族组成

组分 名称	饱和分/%	芳香分/%	胶质/%	沥青质/%
基质沥青	45.41	19.37	29.37	6.31
CTP	2.91	15.40	36.93	44.76
Blend 1(10%)	38.77	21.35	31.71	7.91
Blend 2(20%)	28.83	27.25	35.06	8.29
Blend3(10%,0.85mm)	37.02	23.70	29.95	9.33

注：1. Blend 1（10%）为10%的CTP（粒径为0.18mm）改性基质沥青。

2. Blend 2（20%）为20%的CTP（粒径为0.18mm）改性基质沥青。

3. Blend 3（10%，0.85mm）为10%的CTP（粒径为0.85mm）改性基质沥青。

本研究所采用的沥青族组成的分析方法是参照张昌鸣等对煤基重质产物的族组成分析法，以及我国行业标准《公路工程沥青及沥青混合料实验规程》中的沥青化学组分实验（四组分法）的有关内容进行分析和整合，提出一种操作简便、分析准确、溶剂用量少的分析方法。该分析方法大致简述如下：用不同极性的溶剂对被氧化铝吸附的沥青样品（约0.3000g）进行吸脱附作用，从而得到饱和分（或油分）、芳香分（或芳烃段）、胶质（为深色液体），以差减法得到沥青质组分。

由表3-22可知：本节所选用的基质沥青为用于调配混合沥青的70$^#$沥青，其饱和分为45.41%，芳香分为19.37%，胶质为29.37%，沥青质为6.31%。对比优质道路沥青的族组成所需比例：饱和分为5%~15%，芳香分为32%~60%，胶质为19%~39%，沥青质为6%~15%，发现本实验使用的基质沥青饱和分含量较高，芳香分含量相对较少，胶质与沥青质组分的含量与优质道路沥青的含量相似。上述合理的族组成特点使得70$^#$沥青不但具有较高的软化点，而且具有相对较好的流变性能，即具有较大的延度指标。本节所分析的煤沥青为中温煤沥青，其饱和分为2.91%，芳香分为15.40%，胶质为36.93%，沥青质为44.76%。由此可见，煤沥青中所含沥青质含量过高，加上胶质组分的含量构成其重质组分，过高的重质组分含量会对材料起到骨架支撑作用，使得煤沥青具有较高的软化点和较小的针入度；相反，轻质组分比例较小，使得煤沥青中缺乏有效的分散介质连续相，使得煤沥青流变性能较差，表现为检测延度时几乎是脆断。

Blend 1和Blend 2都使用粒度小于0.180mm的煤沥青，但是煤沥青掺加比例分别为 10％和 20％制得的混合沥青。与基质沥青组分做对比后发现：混合沥青的各个组分之间发生了明显的变化。仍然先假设二者为物理混合，则可将二者的组分简单相加。当取煤沥青掺加量为 10％的混合沥青饱和分计算值为 41.16％时，大于实验测量值 38.77％，二者的差值为 2.39％。可见在煤沥青与石油沥青混合的过程中，有部分分子量相对较小的饱和油分发生了聚合作用，形成分子量较大的物质。

采用同样的方法讨论芳香分，当理论计算值为 18.97％时，小于实验测量值的 21.35％，二者的差值为 2.38％，再次推断可能是饱和分的结合形成了分子量大致与芳香分相同的物质。

采用同样的方法讨论胶质组分，当理论计算值为 30.13％时，小于实验测量值 31.71％，二者的差值为 1.58％。可见在二者混合的过程中，有一部分物质向胶质类物质转化。采用同样的方法讨论沥青质组分，当理论计算值为 10.16％时，大于实验测量值 7.91％，二者的差值为 2.25％。可见当煤沥青与石油沥青相互混合时，相互间的大分子物质可能出现相互溶解的作用。当煤沥青掺加量为 20％时，Blend 2 的饱和分计算值为 36.91％，大于实验测量值 28.83％，二者的差值为 8.08％。以上说明，如果煤沥青掺加比例越大，则两种物质中更多的饱和分会发生聚合形成大分子物质。

采用同样的方法讨论芳香分，当理论计算值为 18.57％时，小于实验测量值的 27.25％，二者的差值为 8.68％。由此可见，饱和分绝大多数转化为分子量与芳香分相近的物质。采用同样的方法讨论胶质组分，当理论计算值为 30.88％时，小于实验测量值 36.06％，二者的差值为 5.18％，胶质比例的增加同样为两物质间对沥青质的相互溶解作用。采用同样的方法讨论沥青质组分，当计算值为 14％时，大于实验测量值 8.29％，二者的差值为 5.71％，进一步验证了以上推断。

比较 Blend 1 和 Blend 3 之间的族组成发现，随着煤沥青粒度的增加，更多的饱和分之间结合生成的类芳香分物质的作用有所增强，而对二者间沥青质的溶解作用有所降低。由此本研究认为煤沥青的粒度对二者间的结合作用有一定的影响，更小的煤沥青粒度使得二者接触的表面积增加，从而增加了相互间大分子的溶解作用，却不利于饱和烃的聚合转化。

综上所述，在煤沥青对石油沥青改性的过程中，二者间存在组分间的化学变化。在本研究的工艺条件下，当煤沥青与石油沥青相互接触时，两种物质间的小分子物质如饱和分发生了聚合作用，形成分子量和结构与芳香烃类似的物质。二者间的大分子物质间却又发生一定的溶解作用，溶解大分子物质，形成类胶质物质。可见煤沥青作为一种改性剂，与石油沥青间的作用既包括小分子间的相互聚合，也包括大分子间的相互溶解。

3.2.4.3　高效液相色谱分析法

以 THF 为流动相、柱温为 60℃，对相关样品进行色谱分析，移动相流速为 0.8mL/min，对本研究所使用的石油沥青、煤沥青、混合沥青进行高效液相色谱分析，相关结果如图 3-14 所示。

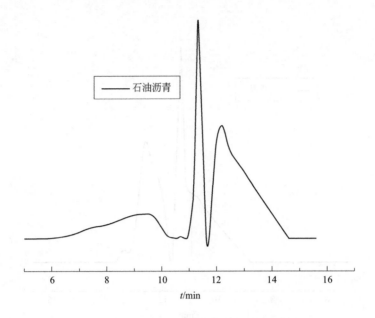

图 3-14　石油沥青的液相色谱图

由煤沥青的液相色谱（图 3-14）可知：由于沥青样品为高度复杂的大分子混合物，色谱条件并不能将样品做到有效分离，只能将各沥青样品大体分为 3 个组分区段，分别为：重质组区段（5.12min＜t＜10.92min）、中质组区段（10.92min＜t＜11.67min）和轻质组区段（11.67min＜t＜14.67min）；并对谱线面积进行归一化处理，同时对各个峰面积在整体样品中所占比例进行计算。由图 3-14 得到：石油沥青中重质组分、中质组分、轻质组分在混合物中的比例分别为 20.82％、21.65％、57.53％。结合其他相关文献和沥青胶体理论可知：重质组区段大致为沥青质；中质组区段可代表胶质；轻质组区段可认为是芳香分和饱和分之和。图 3-15 为煤沥青样品的色谱，由此可知煤沥青最初的响应时间要晚于石油沥青，说明石油沥青中的最大分子量要比煤沥青中的最大分子量大。观察二者的最后响应时间后发现，石油沥青的响应时间要晚于煤沥青，说明石油沥青比煤沥青中的小分子物质分子量更小。然而计算煤沥青 3 个组分区段（28.81％、28.99％、42.20％）的面积与比例后发现：煤沥青中重质与中质组分的含量要高于石油沥青。

分析图 3-16～图 3-19 可知：相较于煤沥青，石油沥青中分子量的分布更为广泛，既有超大分子量的大分子物质，又有分子量较小的物质。正是由于石油沥青广泛的分子量分布与各组分适当比例的有效结合，使得石油沥青单独筑路时的性能明显优于煤沥青。

为了讨论本实验中煤沥青改性石油沥青制得的混合沥青中二者的结合问题，分别对相同粒度的样品进行色谱分析，按照以下公式：

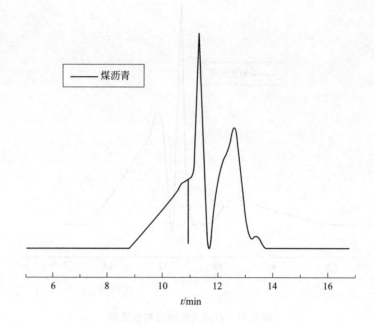

图 3-15　煤沥青样品的液相色谱

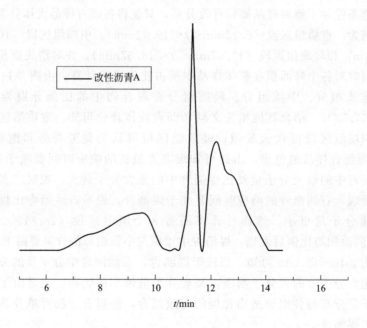

图 3-16　混合沥青 A（10％、粒径 0.18mm）的液相色谱图

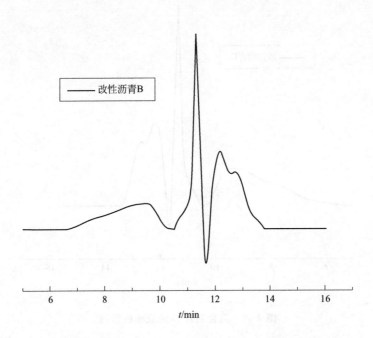

图 3-17　混合沥青 B（20％、粒径 0.18mm）的液相色谱图

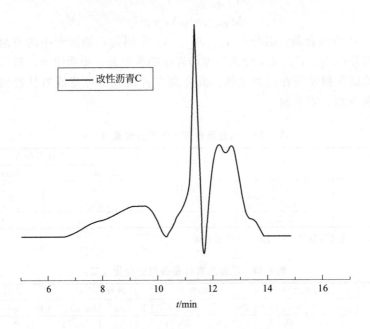

图 3-18　混合沥青 C 的液相色谱图

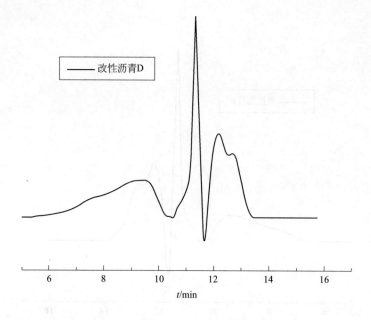

图 3-19 混合沥青 D 的液相色谱图

$$M_{\text{重组分}} = \alpha A_1 + \beta C_1 \tag{3-5}$$

$$M_{\text{中质组分}} = \alpha A_2 + \beta C_2 \tag{3-6}$$

$$M_{\text{轻组分}} = \alpha A_3 + \beta C_3 \tag{3-7}$$

式中，M 为混合沥青组分；A_1、A_2、A_3 分别为石油沥青中的重组分、中质组分、轻组分；C_1、C_2、C_3 分别为煤沥青中的重组分、中质组分、轻组分；α、β 分别为石油沥青和煤沥青添加比例。混合沥青各组分的计算值与其液相色谱测量值分别见表 3-23、表 3-24。

表 3-23 混合沥青样品各组分含量（一）

样品	沥青/%	CTP/%	改性沥青 A	
			Results*/%	Results**/%
M_{heavy}	20.82	28.81	21.66	28.68
M_{medium}	21.65	28.99	22.42	23.55
M_{light}	57.53	42.20	55.92	47.77

注：Results* 为计算结果；Results** 为实验结果。

表 3-24 混合沥青样品各组分含量（二）

样品	改性沥青 A		改性沥青 B		改性沥青 C		改性沥青 D	
	Results*	Results**	Results*	Results**	Results*	Results**	Results*	Results**
M_{heavy}	21.66	28.68	22.49	29.64	23.51	38.52	21.66	26.36
M_{mediu}	22.42	23.55	23.18	28.03	23.26	26.37	22.42	29.41
M_{light}	55.92	47.77	54.33	42.33	53.23	35.11	55.92	44.23

注：Results* 为计算结果；Results** 为实验结果。

经过比较每种样品的各组分含量发现：就重质组分而言，测量值总是小于实验值，各改性沥青间的测量值与计算值间的偏差值分别为 7.02%、7.15%、15.01%、4.7%。中质组分也表现出同样的规律特点，测量值与计算值间的偏差值分别为 1.13%、4.85%、3.11%、6.99%。轻质组分则表现出相反的特点，即计算值总是大于测量值，测量值与计算值的偏差值分别为：−8.15%、−12%、−18.12%、−11.69%。

液相色谱组分的实验测量值之所以不同于计算值，正是由于煤沥青与石油沥青之间还存在一定的化学作用，煤沥青和石油沥青中的一些小分子间相互结合，表现为轻质组分的实验测量值小于计算值，重质组分与中质组分的实验测量值大于计算值。比较改性沥青 A、B、C 重质组分实验值与计算值间的偏差值可知，随着煤沥青掺加量的增加，石油沥青与煤沥青结合的概率增加，混合沥青向大分子转变，整体呈变硬趋势。中质组分的变化不是很明显。从轻质组分的变化可以看出，两种沥青的轻质组分间发生化学作用从而演变成分子量较大的组分。比较可知混合沥青 B 与 D 两种样品的中煤沥青掺量相同，粒度不同。根据数据显示，添加粒度较大的煤沥青制得的改性沥青 D，通过化学作用演变为重质组分的比例为 4.7%，小于改性沥青 B 的比例 7.15%；二者轻质组分含量的变化量几乎相近，分别为 12% 和 11.69%。由此可见，煤沥青粒度对石油沥青与煤沥青的结合具有一定影响；粒度越大，则发生化学作用形成大分子的可能性越小，进而只能以较小的分子结合，形成新的中质组分。

3.2.4.4　煤沥青与石油沥青的结合模型

煤沥青与石油沥青的结合方式一直是各国研究者热议的话题，但是多年来并无定论。笔者拟结合以上分析方法得出的相关结论和沥青胶体结构理论，在本节尝试性地提出煤沥青和石油沥青的混合模型。

煤沥青和石油沥青都是组成成分极其复杂的聚合物，但是煤沥青和石油沥青的组成成分化学性质具有明显的差异。可以通过相同的测试方法，通过分离得到性质相似的组成成分段。但是，其并不代表具有相同的物质。相较于煤沥青，石油沥青的组成成分更为广泛，合理的各组分比例能使沥青形成稳定的胶体结构。石油沥青的胶体结构按照三组分解释为：固态颗粒的沥青质为分散相，液态的油分为分散介质；中质组分为过渡性树脂，可起保护作用，使分散相能够较好分散到介质中。在胶体体系中，以沥青质为主体形成胶核，若干的沥青质相互吸引形成胶团，胶团的分子量较大，对周围的树脂产生一定的吸附作用。该作用属于分子之间作用力，树脂吸附在胶团表面后，逐渐向外扩散。

油分（或称为饱和分）能够使以上形成的胶团均匀分布，不至于形成团簇现象。煤沥青按照类似的理论可以理解为：煤沥青中所有组分的分子量分布相对于石油沥青较窄，主要是小分子物质比石油沥青多，最大的分子又比石油沥青的分子小，较窄的分子量分布特点使得煤沥青的流变性能较差。从组成成分的含量分析：煤沥青中的重质组分含量相对较多，轻质组分含量较少。由于煤沥青在生产的过程中不可避免地混入焦渣，焦渣独立存在于煤沥青中，形成孤立相，无法与其他组分进行互溶。煤沥青中的重质组分（除去焦渣部分）与石油沥青中的沥青质具有类似性质，都能作为胶核，相互之间吸引形成胶团。类树脂物质（中质组分）又通过范德瓦耳斯力包围在胶团的周围。由于煤沥青中轻质油分含量较少，所以一般的中温煤沥青在生产冷却的过程中，一开始冷却就发生"团簇"，温度再次降低；轻质组分部分逸散于空气中，油分进一步减少，形成软化点较高的固体相。

在本研究所采用的调配工艺条件下，随着温度的上升，基质沥青逐渐软化，伴随着搅拌头的搅拌，沥青中的胶团逐渐减小，到达一定程度后在搅拌头的带动下，均匀"散落"于整个体系，形成连续分布的胶体结构相。煤沥青的缓慢加入打破了原有连续分布的胶体体系，煤沥青与石油沥青的混合过程大致分为溶解和聚合过程。

首先是溶解过程。当煤沥青刚进入石油沥青体系时，在搅拌头的带动下，与石油沥青发生均匀混合，只是一个纯粹的物理混合过程。同时，由于进入体系的煤沥青颗粒温度较低，与石油沥青间存在一定的温度差，该温度差驱使石油沥青中的部分能量向煤沥青转移，使煤沥青温度缓慢上升，同时煤沥青颗粒吸附石油沥青体系中的轻质油分，轻质油分的包围对煤沥青产生很大的溶解作用，该溶解作用可将煤沥青组分拆解为分子量相对较小的物质。伴随着搅拌头的搅动，混合沥青将朝着再次形成均匀体系的方向进行。当二者的溶解作用进行到一定程度之后，溶解作用截止，系统进入一个动态平衡的状态。在整个溶解阶段，体系需要吸收热量，以满足溶解过程所需要的能量需求。

对于整个溶解过程，两种物质的各组分段都参与溶解作用，其过程是向小分子方向进行，之后是聚合阶段。笔者认为混合沥青的再聚合阶段发生在搅拌的后期及混合沥青"出锅"后的冷却期。冷却期为聚合阶段的主要发生时间。因为分子间的聚合作用大多为放热反应，当混合沥青"出锅"后，环境不再为系统提供能量，该体系的能量向环境逸散，体系的能量降低。为抵消这种环境变化，分子间发生聚合作用而放出能量以缓解这种变化趋势。换句话说，环境与体系间的温度差，促进了二者间组分的聚合作用。另外，在该阶段混合体系的变化特点是：轻质组分间相互结合形成分子量较大的物质，处于油分段，同时分子量又接近芳烃段的物质，一旦发生结合，形成的大分子马上进入芳烃段。同理，芳烃段的物质也会进入胶质段，最后混合沥青中芳烃段的物质含量变化的实质是由油分聚合形成芳烃的量减去变化为胶质的芳烃的量的净变化量。煤沥青的加入更使混合沥青中沥青质含量大幅增加，向变硬的趋势发展。对于煤沥青与石油沥青间发生的"溶解"和"聚合"作用的先后顺序，可认为是同时发生：混合前期，溶解作用明显大于聚合作用；整体表现为发生"溶解"作用；之后是平衡期，溶解和聚合作用达到一种动态平衡的状态。"聚合"区则是二者的"聚合"作用大于"溶解"作用。

当混合沥青开始冷却的时候，可以认为，沥青体系只有"聚合"作用而没有"溶解"作用，但是对于混合沥青整体而言，包括"溶解"和"聚合"的化学作用相对微弱，二者间主要发生的是物理混合，伴随着一部分的化学变化，但是该化学变化的作用不可忽视。

煤沥青与石油沥青二者的结合可形成"八宝粥"模型，混合体系中的油分可类比于水，其他组分则是粥中的米粒。重质组分均匀分布于轻质组分中，且其分散度直接影响材料性能的好坏。重质组分在体系中，形成材料的骨架结构，对承受应力材料起到支撑作用。同时，由于骨架结构的存在，可增强材料的弹性性能。笔者认为使用该混合沥青与石料拌和成为混合料，煤沥青中由于存在（含 O、N、S）官能团与碱性石料发生亲和作用，所以该混合料具有更强的与石料的黏附性，同时由于煤沥青中存在苯、吡等化合物对微生物有一定抑制作用，又使得该混合料具有独特的抗微生物侵蚀的优势，故煤沥青改性石油沥青制得的改性沥青性能优越。笔者对赵普等在高陵高速的实验路段的跟踪监测结果分析也说明这一点。

3.2.4.5 添加化学助剂对混合沥青性能的影响

煤沥青改性石油沥青可以使混合沥青有变硬的趋势，表现为软化点的上升和针入度的下降，但同时对延度有一定的损伤。为了能进一步改善混合延度，同时验证以上提出的二者的结合模型。本节比较了加入第三方化学助剂的混合沥青的性能特点。

由于化学助剂的不同，添加各种化学助剂的调配工艺方式有所不同，简要叙述如下。①SBS 的添加。先将基质沥青加热到溶解状态，加入一定质量的 SBS，稳定搅拌 1h，使得 SBS 在石油沥青中充分"发育"，之后再加入煤沥青搅拌 1h，制得混合沥青。②表面活性剂的添加。先将基质沥青加热到溶解状态，加入一定量的煤沥青，搅拌 15min 后，加入表面活性剂，搅拌 1h，制得混合沥青，具体结果见表 3-25。

表 3-25　15%煤沥青（<0.150mm）掺加不同比例 SBS 对混合沥青性能的影响

性能 \ 掺加 SBS 比例	0%	0.3%	0.5%	0.8%	1%	2%
延度(25℃)/cm	47.5	68.6	140.0	74.53	73.3	67.5
软化点/℃	54.1	55.9	60.3	58.55	58.4	56.7
针入度(25℃)/0.1mm	35.94	28.30	20.8	26.57	26.72	28.44

由表 3-25 可知，SBS 的加入对混合沥青的性能有明显影响。SBS 的加入使得混合沥青的软化点由最初的 54.1℃增加到 60.3℃后，又逐渐减小，25℃针入度先由 3.594mm 减小到 2.08mm，之后又再次增大到 2.884mm。延度则有明显改善，从不加 SBS 的 47.5cm 上升到 140.0cm，之后又减小。

分析造成以上性能指标规律性变化的原因：SBS 加入基质沥青后，被基质沥青中的油分溶解，形成小分子自由基，自由基之间又通过聚苯乙烯微区的物理交联作用形成松弛的网络结构存在于沥青基体中。由于 SBS 和沥青形成连续的网络结构而相互贯穿，使整个体系处于介稳状态，煤沥青的加入正好处于网络结构的节点上，煤沥青、SBS 和石油沥青之间相互溶解，相互结合形成稳定的网状结构体。同时，又由于组分之间的相互结合，轻质油分含量减少，重质组分增大，混合沥青的整体性质呈变硬的趋势，高温性能更加稳定，延展性更好。但是，由于三者间存在对油分的争夺，当 SBS 过量后，会出现网络结构过分交联，而出现过分"团聚"现象，造成延度的降低，软化点的减小。通过本研究可认为，当煤沥青掺加量为 15％时，利用外掺法添加的 SBS 不应该超过 0.5％；相较于现行的、采用 SBS 直接改性石油沥青的方法，本研究提出采用 SBS 对煤沥青与石油沥青的混合沥青进行改性时，达到的性能效果更好，而且 SBS 的用量更少。

由表 3-26 可知：表面活性剂的加入对混合沥青性能并无积极意义，随着表面活性剂的加入，软化点、针入度的变化特点并无规律性可言。延度虽然有一定的规律性变化，但是对延度的改善并不明显。那么为什么在其他领域被广泛使用的表面活性剂却起不到活化沥青表面的作用呢？分析本研究所使用的表面活性剂的结构：$C_{12}H_{35}$—⬡—SO_3Na，其一端为疏水基，另一端为亲水基，而煤沥青和石油沥青二者都为复杂的有机基团。虽然在煤沥青结构中，具有一定的芳香结构，但是并不能与表面活性剂中的苯环发生作用；而亲水基和疏水基与石油沥青之间更难以发生交联作用。所以，表面活性剂的加入并不能对混合沥青的性能有明显改善。因此，选用十二烷基苯磺酸钠作为表面活性剂对煤沥青和石油沥青性能改善的方法并不成立。综合以上实验数据，可以得到以下结论。

表 3-26　15％煤沥青（＜0.150mm）掺加不同比例表面活性剂对混合沥青性能的影响

性能＼掺加表面活性剂比例	0%	0.5%	1%	1.5%	2%	2.5%
延度(25℃)/cm	47.5	31.17	36.67	38.07	40.60	33.27
软化点/℃	54.1	51.15	52.5	55.3	52.35	55.7
针入度(25℃)/0.1mm	35.94	46.28	45.0	30.23	36.63	30.65

（1）煤沥青虽为复杂的有机混合物，但可用于改性石油沥青。煤沥青的一些性质（掺加比例、粒度等因素）对改性沥青的指标呈规律性变化。

（2）煤沥青的掺加比例对改性沥青有重要影响。随着煤沥青掺加比例的增加，改性沥青的软化点上升，延度下降，针入度下降。从本实验的结果进行分析，建议煤沥青掺加比例不应超过 20％。

（3）煤沥青的粒径大小也是影响改性性能的重要指标。随着加入煤沥青粒度的增加，软化点先增加，后减小；针入度呈增加趋势，延度减小。建议煤沥青的粒度不超过 0.425mm（60 目）。

（4）采用不同的搅拌方式时，导致改性沥青的指标有所不同。剪切搅拌效果比简单机械搅拌效果更优。剪切搅拌在搅拌过程中能对煤沥青进行二次破碎，使得煤沥青与石油沥青能够更好结合。

（5）煤沥青与石油沥青的结合存在匹配性问题，不同种类的煤沥青掺加相同的比例改性的石油沥青，虽然性能有所差别，但仍然遵循一定的变化规律。

（6）煤沥青与石油沥青的结合，可使混合沥青具有更好的抗老化性能。煤沥青添加比例越大，沥青的抗老性能越强。煤沥青的粒度对沥青抗老化性能有所影响，但是作用有限。

（7）煤沥青的不同组分，对改性沥青的性能影响不同。煤沥青中残渣对改性沥青性能指标有损害。甲苯可溶分有利于改善沥青材料的流变性能，但使得沥青软化点有所降低。煤沥青中的 THF（四氢呋喃）可溶物为最佳改性剂，不但能够改善沥青的流变性能，也能增强混合沥青的高温性能。

（8）建议工程上使用煤沥青改性石油沥青时，添加比例不超过 20%（内掺法），煤沥青粒度不应该超过 0.425mm（60 目）；可选择 THF 可溶物较高的煤沥青进行改性。

本节还利用简单计算法、族组成分析法和高效液相色谱等方法讨论煤沥青与石油沥青间的作用方式，并考察了两种化学助剂对混合沥青延度性能的改善情况。

（9）按照简单计算法对混合沥青进行分析后发现，煤沥青与石油沥青混合形成混合沥青的性能指标，并不满足简单的线性关系，且煤沥青掺加量越大，实测值和理论计算值偏差越大。说明二者之间除了简单的物理混合作用外，还存在一定的化学变化。

（10）利用柱液色谱柱（四组分法）对混合沥青的族组成进行分析发现，煤沥青和石油沥青在族组成方面存在明显的差异，混合沥青的族组成也不是二者各组分的简单相加；发现煤沥青与石油沥青混合时，二者的轻质组分发生聚合，向大分子物质变化；重质物质则有一定的溶解作用。进一步说明，煤沥青与石油沥青间发生的是物理化学变化。

（11）高效液相色谱的结果也表明，煤沥青与石油沥青之间发生的是物理化学变化，且煤沥青的掺加量越大，二者间的化学变化越明显。

（12）本节研究认为，煤沥青改性石油沥青形成的混合模型可看成是"八宝粥"模型，各组分之间既包括相互之间的"溶解"过程，也包括族组成间的"聚合"过程。在不同的调配时期，"溶解"与"聚合"的作用程度不同，进而可宏观上表现为溶解期、动态平衡期和聚合期。

（13）化学助剂对混合沥青的性能有一定影响。SBS 可以大幅改善混合沥青的各性能指标，特别是可大幅提高混合沥青的延度指标。但是，SBS 的添加量存在最优点，当 SBS 的添加量为 0.5% 时，使混合沥青达到最佳改善。十二烷基苯磺酸钠对混合沥青性能的改善能力有限。

3.3 运用 MATLAB编程计算改性沥青指标

本节基于 MATLAB 数学工具对改性沥青的感温性能指标 PI（即针入度指数），高温性能指标 T_{800} 以及低温性能指标 $T_{1.2}$ 进行编程计算，并得出拟合曲线；编写内容借助数学工具进行编程计算，使得复杂的计算得到快速解答，并且使用计算机可以大幅减小人工计算过程中可能出现的失误。

3.3.1 改性沥青针入度测定

改性沥青的针入度测定分析方法按照2011年交通部制定的公路沥青规程进行，分别测定 15℃、25℃和30℃ 的针入度指标，并最终得到 PA-1、混合沥青 CTP-MA、PA-2 以及 CRMA 在 3 个温度下的针入度。

通过如前所述内容，分别测定石油沥青 PA-1 和 PA-2，混合沥青 CTPMA 以及 CRMA 分别在 15℃、25℃以及30℃下的针入度指标，道路沥青针入度测定结果见表 3-27。

表 3-27　道路沥青针入度测定结果

指标＼样品	PA-1	CTPMA	PA-2	CRMA
针入度(15℃)/0.01mm	31.6	19.3	34.9	22.5
针入度(25℃)/0.01mm	88.4	52.9	91.2	64.4
针入度(30℃)/0.01mm	132.2	89.4	140.8	94.6

3.3.2 改性沥青的感温性能

对于沥青而言，感温性能指的是沥青性能可随温度的改变而变化本节主要用针入度指数（PI）来评价沥青的感温性能。1963 年 Pfeiffer 和 Van Doorman 在实验研究的基础上，提出了 PI 的一种计算方法，找出了 $\lg P$ 与 T 的线性关系。

$$\lg P = K + AT \tag{3-8}$$

式中，P 为沥青针入度，0.1mm；K 为截距；A 为斜率（回归参数）；T 为实验温度（至少有 3 个温度），℃。通过最小二乘法线性回归求得 A，然后利用式 (3-9) 求取针入度指数 PI。

$$PI = (20 - 500A)/(1 + 50A) \qquad (3\text{-}9)$$

PI 值除了评价沥青的感温性能之外，还可以用来评价沥青的胶体结构：$PI <$ -2 说明沥青为溶胶型结构，为纯黏稠流体，比如煤沥青；$-2 < PI < 2$ 说明沥青为溶胶-凝胶型结构，有弹性效应，一般的路用沥青 PI 值就在这个范围；$PI > 2$ 说明沥青为凝胶型结构，显示出典型触变性，比如氧化沥青。

本节根据 15℃、25℃以及 30℃道路沥青的针入度数值，基于 MATLAB 编程计算，拟合得到回归参数 A、截距常数 K 以及 PI，并输出线性方程。计算程序代码编写如下：

```
x=[x1,x2,x3];
y=[y1,y2,y3];
m1=0;
m12=0;
n1=0;
mn=0;
n=3;
for i=1:n
  m1=m1+x(i);
  m12=m12+x(i)*x(i);
  n1=n1+y(i);
  mn=mn+x(i)*y(i);
end
ax=m1/n;
ay=n1/n;
a1=(mn-n*ax*ay)/(m12-n*ax*ax),
a0=ay-a1*ax,
PI=(20-500*a1)/(1+50*a1),
p=10:2:30;
q=a0+a1.*p;
plot(p,q,'b-')
xlabel('Temperature/℃','Fontname','Times New Roman','Fontsize',12),
ylabel('logP','Fontname','Times New Roman','Fontsize',12),
text(a,b,'y=a0+a1×x')
```

其中，x 为温度，y 为 $\lg P$ 的数值，将 PA-1、CTPMA、PA-2 以及 CRMA 的相关数据带入并在 MATLAB 软件上运行，线性回归方程组如图 3-20 所示。

通过 MATLAB 线性拟合，由图 3-20 可知，基质沥青、混合沥青以及 CRMA 的回归系数（斜率）都大于零，且相差不大。通过计算线性相关系数表明 4 条直线的相关性很强，均大于 0.997。MATLAB 运行结果中得到的回归系数 A、Y 轴截

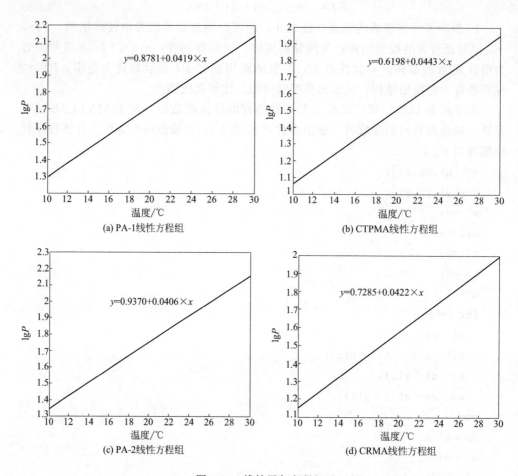

图 3-20　线性回归方程组

距 K 以及针入度指数 PI 数据列于表 3-28。

表 3-28　MATLAB 针入度指数运算结果

样品 类别	PA-1	CTPMA	PA-2	CRMA
回归系数(A)	0.0419	0.0443	0.0406	0.0422
Y 轴截距(K)	0.8781	0.6198	0.9370	0.7285
针入度指数(PI)	−0.3068	−0.6687	−0.0950	−0.3482

　　由表 3-28 的数据可知，PA-1、CTPMA、PA-2 以及 CRMA 的针入度指数 PI 值均在−2～2 之间，表明 4 种道路沥青的胶体结构均为溶胶-凝胶型结构，属于筑路沥青的胶体范畴。将 PA-1 与 CTPMA 进行比较，PI 值有所下降，说明混合沥青中由于煤沥青的加入，使得感温性能与石油沥青相比有所下降。同样，通过对比 PA-2 和 CRMA 也可以得到相同的结果。这是由于外部添加剂的介入，打破了

基质沥青原有的平衡和胶体结构。

按照道路沥青实施标准，可查得沥青的高温稳定性能可以用当量软化点来表征，即以 T_{800} 表示。当量软化点越高，沥青的高温稳定性越好。T_{800} 的物理意义是通过式（3-7）建立的线性回归方程与针入度为 800 的直线交点所得到的温度，计算式如下：

$$T_{800} = (2.9031 - K)/A \tag{3-10}$$

式中，T_{800} 为当量软化点；K 为截距；A 为斜率。

又根据 15℃、25℃ 以及 30℃ 道路沥青的针入度数值，基于 MATLAB 编程计算，拟合得到回归参数 A、截距常数 K 以及 T_{800}。计算程序代码编写如下：

```
x＝[x1,x2,x3];
y＝[y1,y2,y3];
m1＝0;
m12＝0;
n1＝0;
mn＝0;
n＝3;
for i＝1:n
  m1＝m1+x(i);
  m12＝m12+x(i)*x(i);
  n1＝n1+y(i);
  mn＝mn+x(i)*y(i);
end
ax＝m1/n;
ay＝n1/n;
a1＝(mn-n*ax*ay)/(m12-n*ax*ax),
a0＝ay-a1*ax,
T800＝(2.9031-a0)/a1
```

将 MATLAB 运行结果中得到的当量软化点 T_{800} 的数据列于表 3-29，并与各自的实测软化点进行比较。

表 3-29　MATLAB 当量软化点运算结果

类别	PA-1	CTPMA	PA-2	CRMA
软化点/℃	50.1	55.15	49.6	59.1
当量软化点（T_{800}）	48.3293	51.5424	48.4542	51.5744

纵向比较表 3-29 的数据可知，4 种道路沥青的当量软化点均低于实测软化点的数值，但相差不大。说明沥青的等黏温度就在实测软化点附近，可以用实测软化点代表等黏温度。通过横向比较，以 PA-1 和 CTPMA 为例，由于改性剂的加

入，使得道路沥青的当量软化点提高，即煤沥青的加入可以改善沥青的高温稳定性；同样，通过对比 PA-2 和 CRMA 的数据结果，也具有相同规律。

按照道路沥青实施标准，可查得沥青的低温性能可以用当量脆点来表征，以 $T_{1.2}$ 表示。当量脆点数值越低，表明低温性能越好。$T_{1.2}$ 的物理意义是通过式 (3-7) 建立的线性回归方程，带入针入度数值为 1.2 时的温度，当量脆点的计算方式如下：

$$T_{1.2} = (0.0792 - K)/A \qquad (3-11)$$

此外，根据 15℃、25℃ 以及 30℃ 道路沥青的针入度数值，基于 MATLAB 编程计算，拟合得到回归参数 A、截距常数 K 以及 $T_{1.2}$。计算程序代码编写如下：

```
x＝[x1,x2,x3];
y＝[y1,y2,y3];
m1＝0;
m12＝0;
n1＝0;
mn＝0;
n＝3;
for i＝1:n
  m1＝m1＋x(i);
  m12＝m12＋x(i)*x(i);
  n1＝n1＋y(i);
  mn＝mn＋x(i)*y(i);
end
ax＝m1/n;
ay＝n1/n;
a1＝(mn-n*ax*ay)/(m12-n*ax*ax),
a0＝ay-a1*ax,
t12＝(0.792-a0)/a1
```

MATLAB 运行结果中得到的当量脆点 $T_{1.2}$ 的数据列于表 3-30。

表 3-30　MATLAB 当量脆点运算结果

类别	PA-1	CTPMA	PA-2	CRMA
当量脆点($T_{1.2}$)	−2.0506	3.8871	−3.5747	1.5066

分析表 3-30 可知，对比 PA-1 和 CTPMA 的数据，煤沥青改性剂的加入使得道路沥青的当量脆点升高，表明煤沥青的加入对石油沥青的低温性能会产生不利影响。通过分析 PA-2 以及 CRMA，也能得到相同的结论。

总之，本节基于 MATLAB 数学工具编程计算道路沥青的三种性能指标，并对计算结果进行分析，得出以下结论。

（1）通过程序编写，将计算沥青指标的公式编译于代码中，得出一套计算程序，以减小分析样品时的人工计算量。

（2）通过计算针入度指数 PI，分析沥青的感温性能，结果表明改性剂（同时包括 CTP 和 CR）的加入使得道路沥青的温度敏感性下降。但是，基质沥青与改性沥青胶体结构均属于道路沥青胶体结构范畴。

（3）通过计算当量软化点 T_{800}，并与实测软化点进行比较，结果表明当量软化点低于实测软化点数值。此外，改性剂（同时包括 CTP 和 CR）的加入，可以提高道路沥青的高温稳定性。

（4）通过计算当量脆点 $T_{1.2}$，并分析计算数据，结果表明改性剂（同时包括 CTP 和 CR）的加入，会对道路沥青的低温性能产生不利影响。

3.4 煤沥青复合橡胶沥青对道路石油沥青的改性与制备

3.4.1 煤沥青复合废旧轮胎改性石油沥青

改性沥青 CRMA 的制备是使用废旧轮胎作原料，可以减少废旧轮胎对环境的污染，还能节约大量沥青等铺路材料，使改性沥青路面的生产及维修成本降低，有很强的环境和经济方面效益。

3.4.1.1 废旧轮胎概述

我国汽车保有量逐年上升，据统计我国每年报废的废旧轮胎量超过 1000 万吨。但是，在废旧轮胎处理方面并没有取得实质性进展。如果能将废旧轮胎加以利用，通过开展道路沥青改性研究，以制备得到橡胶沥青，将会大幅提高废旧轮胎利用率。

3.4.1.2 废旧轮胎的组成

废旧轮胎主要分为轮胎胎体、轮胎胎面以及轮胎胎圈 3 个部分，还包含一些杂物，如钢丝以及胶体帘布层等缓冲层。在废旧轮胎的组成中，对于制备橡胶沥青有用的部分为轮胎胎面，胎面主要是由橡胶、炭黑等组成。一般而言，我国汽车轮胎胎面中通常含有天然橡胶、丁苯橡胶以及顺丁橡胶。目前我国汽车轮胎主要分为斜交胎和子午胎两种，斜交胎多用于大型车，子午胎多用于小型车。废旧轮胎胶粉根据轮胎的分类也可分为两种，即由斜交胎而来的斜交胎橡胶粉，以及由子午胎而来的子午胎橡胶粉。

3.4.1.3　橡胶沥青的定义以及优势

橡胶沥青是指将废旧轮胎作为道路沥青改性剂与石油沥青共混调配得到的改性沥青。其中，废胎胶粉按照一定的添加比例进行调配，并最终得到橡胶与石油沥青的混合物，即橡胶沥青。

橡胶沥青的改性机理已有学者对其进行了研究。在高温拌和下，废旧轮胎橡胶粉末与石油沥青的作用很复杂，目前国际上比较公认的研究结果是两种反应原料之间既存在物理作用，又存在化学作用。其中，物理作用是指胶粉在热拌的石油沥青中发生溶胀，增强改性作用，包括相容性改性、溶胀性改性和胶粉颗粒增强作用；化学作用是指胶粉脱硫效应以及其余聚合物通过化合作用的改性。

研究表明，橡胶沥青的制备可以采用干法和湿法两种工艺。干法工艺是指先将胶粉与集料进行热拌和，然后加入一定量的热石油沥青进行混合，得到混合料。其中，废旧轮胎胶粉的含量要占到整个混合料质量的 $1\%\sim3\%$。橡胶沥青干法工艺如图 3-21 所示。

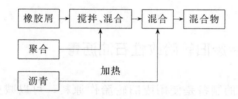

图 3-21　橡胶沥青干法工艺

湿法工艺是指先利用胶粉制备改性沥青，然后将改性沥青与石料进行热拌和，进而生产混合料的过程。橡胶沥青湿法工艺如图 3-22 所示。

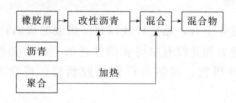

图 3-22　橡胶沥青湿法工艺

3.4.1.4　废旧轮胎胶粉改性石油沥青研究概况

关于橡胶沥青最早的报道是 20 世纪中叶欧美等发达国家率先利用橡胶沥青进行的筑路实验，随后日本等国家纷纷效仿。自此，科研工作者才逐渐开始投入到橡胶沥青制备以及应用技术领域，该方面的研究也趋于完善。尤其是在美国，每年都会使用橡胶沥青进行混合料筑路，并且取得了很好的成效，铺筑了许多橡胶沥青道路，路面性能完全符合美国 ASTM 标准，为业界所认同。近些年，随着橡胶沥青工艺的趋于完善，南非、日本等国家也都将橡胶沥青应用于道路建设中，使路面性能有很大程度的提高。

20世纪末，也就是橡胶沥青得到广泛应用的时候，橡胶沥青调配设备也逐渐发展起来。早期的设备只是对橡胶和沥青进行简单混合，并不能对工艺进行精确控制；根据生产方式可将工艺分为两种：一种是连续式；另一种是间歇式，各有利弊。在所有橡胶沥青设备中，效果最好的是D&H公司生产的改性沥青设备，采用该工艺时计算准确、拌料均匀，可降低沥青的老化程度，并且排放的含硫污染物少，产量高。此外，还有德国的SIEFFER公司以及CEI公司等都在研发、生产橡胶沥青设备并在制造方面掌握有先进的核心技术。

我国橡胶沥青开始研究的时间要晚于国外；一方面是由于当时学者并不重视橡胶沥青而且也没有相应的技术支撑；另一方面，我国当时的废旧轮胎积存量十分有限，没有条件进行橡胶沥青筑路工程研究。在20世纪90年代以后，随着国民经济的稳步发展，道路建筑行业也随之兴起，高等级道路成为经济发展水平提高的标志。相关研究人员进行了一系列橡胶沥青路基实验，效果十分理想，但由于技术原因，橡胶沥青仍旧没有在国内得到推广和使用。直到21世纪初，我国才引进了第一台橡胶沥青设备，并通过研究与探索，拥有了自主生产橡胶沥青设备的厂商，但当时仍然落后于国际先进水平。经过近30年的探索，我国在橡胶沥青制备方面将继续获得快速发展，包括制备工艺以及生产设备等。

3.4.1.5 实验与表征

本节通过探究道路沥青改性剂种类以及改性沥青制备条件对改性沥青性能的影响，并通过现代仪器分析手段对样品进行微观分析，以研究改性过程中微观成分的变化。

实验选取的胶粉原料为产于胶厂的橡胶粉（记为CR-1），胶粉粒径在0.425mm（40目）以上；以及细胶粉（记为CR-2），胶粉粒径为0.180～0.425mm（40～80目），CR-1和CR-2的技术指标见表3-31。

表 3-31　胶粉技术指标

指标	类别	CR-1	CR-2
物理指标	密度/(kg/m³)	1.16	1.13
	水分/%	0.74	0.68
	金属含量/%	0.64	0.51
化学指标	灰分含量/%	10.56	8.65
	丙酮抽取物/%	20.3	12.9
	橡胶烃含量/%	46.1	50.4

选择筛分所需要的煤沥青样品，并将其置于粉碎机中进行粉碎。将粉碎好的煤沥青样品在机械筛分器中进行筛分，样品筛规格按目数进行分级，自上而下依次为20目筛、40目筛、60目筛、80目筛以及100目筛，所对应的孔径大小分别

为 0.805mm、0.425mm、0.250mm、0.180mm 以及 0.150mm；将筛分好的各个粒度范围的煤沥青样品密封，并置于干燥器中放置保存。

将已经灼烧至恒重的 0.5L 敞口反应器置于电子天平（精度 0.01）并置零，将加热至流动状态的石油沥青样品缓慢倒入敞口反应器中，得到石油沥青样品的质量，记为 m_1。设定好加热温度，加热反应器，直到石油沥青开始软化。打开搅拌器，对石油沥青样品进行搅拌，直至样品均匀，呈流体状态。然后将已经称取好的煤沥青样品（质量记为 m_2）均匀缓慢倒入敞口反应器中进行搅拌混合；同时，开始计时。在设定好的时间点结束搅拌，即得到混合沥青样品。混合沥青样品中煤沥青掺加量的计算采用内掺法，即煤沥青掺加量 $\delta = m_1/(m_1 + m_2)$。制备不同种类煤沥青样品混合沥青的实验步骤均相同，制备过程中分别使用 XKJ-1 型机械搅拌器与 AE300L-H 型剪切搅拌器调配制得混合沥青样品。

制备 CRMA 所使用的胶粉，是使用废旧轮胎中子午胎的胎面经过粉碎处理并去除钢丝网后所得到的胶粉末，其加工工艺如生产方式等和粒径大小都会影响 CRMA 的性能。目前，国内外在使用废旧轮胎生产胶粉工艺的研究方面主要有室温粉碎法、低温磨制法和溶液法三类。本节采用粗胶粉和细胶粉的橡胶粉末。

本节所使用的性能评价方法，采用的是交通部制定的道路沥青实验规程（JTG E20—2011）。根据该规程所规定的族组成分析方法在现有实验条件的基础上进行变通，对沥青族组成进行分析，并根据实验规程所述步骤，对沥青样品的针入度、软化点、延度性能以及抗老化性能进行评价。

一般情况下，利用沥青在不同溶剂中的溶解度或吸附性来分离出化学性质较接近的组分时，这些组分被称为沥青的组分。一旦分离条件改变，得到的组分性质就会有所不同。四组分分析方法是我国比较常用的分析沥青组成的方法，得到的组分分别为饱和分（S）、芳香分（Ar）、胶质（R）和沥青质（As）。其中，饱和分与芳香分为轻质组分，胶质和沥青质为重质组分；组分不同，其性质也各不相同。族组成分离简要过程如图 3-23 所示。

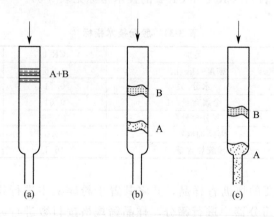

图 3-23　族组成分离简要过程

饱和分温敏性极强，一般其在沥青中所占含量为 5%～20%，饱和分中的油分是影响沥青软化点的因素之一；所含油分越多，沥青的软化点就越低，稠度也越低，针入度越大。所以，油为含量不宜过大。芳香分与饱和分非常接近，是一种深棕色的黏稠液体，与饱和分一样属于胶溶沥青质的分散介质，在沥青中的含量占 40%～60%。胶质一般为深黑色到黑褐色的半固体状的黏稠性物质，分子量为 500～1000，在沥青中的含量约达 15%～30%。胶质的分子结构中有许多稠环芳香族化合物，可以增强沥青的可塑性和黏附性。沥青质和胶质是极为相近的化合物，属于极性更强的芳香分物质，沥青质是黑褐色到深黑色易碎的粉末状固体，它没有固定的熔点，一旦其温度加热至 300℃以上时，就会分解生成气体和焦炭。

本节所采用的族组成分析方法为溶剂萃取法。对于石油沥青而言，在样品萃取过程中，样品几乎完全溶解，所剩残渣可以忽略不计，族组成可分为 S、Ar、R 和 As 四大类。而对于煤沥青而言，由于煤沥青的可溶性小，溶剂萃取结束后，仍存有大量残渣。因此，在煤沥青样品族组成分析中，除了上述 4 种组成外，还包含不溶物（insolubles）。具体实验步骤如下。

（1）制备层析柱　将溶剂萃取层析柱洗净，并置于干燥箱中干燥，加入一定量活化后的中性 Al_2O_3 粉末，并将已经称重并与吸附剂混合均匀的待分离样品一并装入分离柱中，固定在铁架台上。

（2）样品接收瓶　准备两组（共 8 个进行平行实验）洗净烘干的 500mL 烧杯，使用分析天平称量空瓶质量，并记录。

（3）样品的层析过程　依次用正庚烷试剂、甲苯试剂、甲苯-无水乙醇试剂（体积比按 1∶1）、四氢呋喃试剂对沥青样品进行溶剂萃取，得到相对应的萃取组分依次为饱和分、芳香分、胶质和沥青质。萃取结束后，将接收瓶烘干、称重，利用差减法获得各组分的含量，并记录。沥青样品的族组成分析流程如图 3-24 所示。

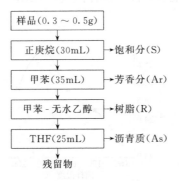

图 3-24　沥青样品的族组成分析流程

ICTA（国际热分析协会）将热分析定义为：在程序升温下，对试样进行加热，近似认为试样的某性质为温度的函数。本部分对沥青样品的热分析采用的是热重法，在惰性气氛（作为保护气）下，改变试样的测量温度。随着温度的升高，样品中自身或者加热裂解生成的小分子逸出，样品质量发生变化，使用热分析天平测量并计算出试样质量的变化值，得到 TG-DSC 曲线。样品热分析得到的分解温度数据对改性沥青样品制备温度的选取，有一定的指导作用。

本实验所使用的热分析仪型号为 Setsys Evolution 2400；测量条件：氩气气氛；流速为 20mL/min；循环水温为 20℃；测量温度范围为室温～650℃。升温速率采用程序升温法：室温～100℃，升温速率为 10K/min；温度 100～500℃，升温速率为 5K/min；温度为 500～650℃，升温速率为 10K/min。

红外光谱法是表征有机物分子结构的主要方法，其工作范围在 2.5～1.5μm。该方法测定灵敏度高，所需试样量少，测定结果准确，并且适用于各种形态的样品。红外光谱谱图所得出的振动峰可以反映出原子之间的振动情况，包括伸缩振动和变形振动，从红外光谱标准谱图中对应找出相应的吸收峰，就可以判断试样中官能团的存在情况，在微观机理以及分子模型建立方面均有重要意义。

本实验所使用的红外光谱仪型号为 Nicolet iS50 FT-IR，仪器工作范围在 $400～4000cm^{-1}$，分辨率为 $4cm^{-1}$，使用压片法对样品进行预处理。具体方法为：称取一定质量的溴化钾（KBr）粉末，磨成微米级别的粉末，利用压片机制备试样，进而进行测试。溴化钾在使用之前必须经过干燥处理以脱去水分，密闭备用。

3.4.1.6 实验结果分析

（1）搅拌温度的影响 搅拌温度是指将作为改性剂的胶粉加入已经热熔的石油沥青后，开始搅拌时的温度。搅拌温度的高低会影响物质的流动状态，决定着煤沥青与石油沥青是否溶解充分，并直接影响化学反应速率以及样品的使用效率。

本实验选取的混合沥青制备温度设定为 160℃、170℃、180℃、190℃ 以及 200℃，在 5 个温度下，使用 CR-2 与 PA-2 作为原料，在 CR-2 含量 10％、CR-2 粒径＞80 目的条件下进行混合调配。搅拌温度对 CRMA 性能的影响见图 3-25。

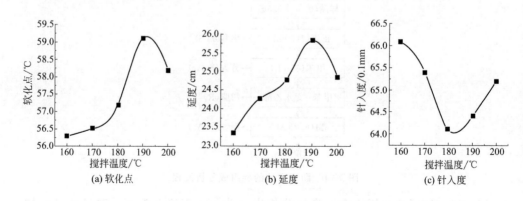

图 3-25　搅拌温度对 CRMA 性能的影响

如图 3-25(a) 所示，曲线存在峰值，在 190℃ 的搅拌温度下软化点达到最大值

59.1℃，表明在一定程度上升高温度对 CRMA 的制备是有利的。延度的变化情况如图 3-25(b) 所示，随着搅拌温度的升高，CRMA 的延度也出现峰值，先增后减，也是在 190℃附近达到峰值 25.82cm。图 3-25(c) 表示的是 CRMA 针入度的变化情况，曲线首先出现下降的趋势；在 190℃时，CRMA 的 25℃针入度指标为 69.1(0.01mm)，达到最小值。

由图 3-25 中的曲线可知，搅拌温度的变化会对 CRMA 的性能起到一定的影响作用，搅拌温度升高时沥青黏度会随之减小。当搅拌温度＜190℃时，沥青黏性高，CR 与 PA 不能完全互溶；当搅拌温度＞190℃时，伴随着氧化分解反应以及有机物质的裂解反应，使 CRMA 性能下降，改性效果不明显。另一方面，CR 加入 PA 后发生溶胀，也有可能伴随着链断裂和重组现象，使得混合后的 CRMA 性能发生改变。综上所述，CRMA 的最佳制备搅拌温度为 190℃。

(2) 胶粉掺加量的影响　原料的掺加比例不同会使得混合物的性质产生一定差异。因此，有必要对胶粉掺加量因素进行分析和研究，通过不同的胶粉添加比例，制备得到一系列 CRMA，并研究其性能指标，探究原料比例的影响。

本节选取的废旧轮胎胶粉添加比例系列为 5％（5/95）、10％（10/90）、15％（15/85）20％（20/80）以及 25％（25/75），在 5 个胶粉添加比例下，使用 CR-2 与 PA-2 作为原料，在搅拌温度 190℃、CR-2 粒径＞80 目的条件下进行混合调配，进而对样品进行性能分析，得出最佳 CR 掺加量。CR 含量对 CRMA 性能的影响见图 3-26。

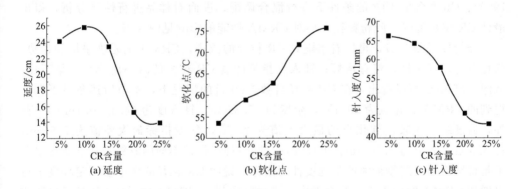

图 3-26　CR 含量对 CRMA 性能的影响

在不同 CR 掺加量条件下，对于调配制备得到的 CRMA 试样，其延度指标的变化情况如图 3-26(a) 所示。随着 CR 含量的增加，CRMA 延度指标的变化趋势为先增大后减小。在 CR 含量为 10％时，其延度为最大（25.82cm）。与 PA-2 的延度（＞140cm）比较，发现废旧胶粉的加入使调配得到的 CRMA 延度显著低于 PA-2，即 CRMA 的内聚力小，在应力作用下易断；通过分析 CRMA 的软化点指标[图 3-26(b)]，发现随着 CR 含量增加，CRMA 的软化点升高，高于 PA 的软化点值；而且随着 CR 含量的增加，差值越来越大。当产量为 25％时，已达到

75.6℃，即 CR 的加入，使得试样的等黏温度升高；通过分析图 3-26(c)，可以看出 CRMA 的针入度指标随着 CR 含量的增加而越来越低，较之石油沥青，针入度指标有着明显差量。

当图 3-26 所示曲线反映在沥青性质上时，表明由于橡胶粉末的加入，使得道路沥青的内聚力降低，抗剪切能力减弱。此外，还可以认为橡胶粉末不能完全互溶为均一的新相，而是通过 PA 的黏附力使得 CR 与 PA 混溶在一起形成混合物；宏观上肉眼可见的细小颗粒物，微观上可理解为是通过 PA 的黏附力使得 CR 与 PA 混溶在一起形成的混合物。由于 CR 分子与 PA 分子之间的作用力小于 PA 分子间作用力，所以在受到应力的时候，CRMA 容易脆断；然而，通过分析针入度和软化点指标，结果表明废旧轮胎胶粉在一定程度上可以提高道路沥青的黏性、硬度以及等黏温度。这是由于橡胶在搅拌温度下的溶胀作用改变了原有体系的网络结构，使得 CRMA 发生上述变化。综合考虑 3 个性能指标，本研究认为在针入度和软化点指标趋势一致的情况下，应以延度指标作为选择依据。因此，最佳胶粉添加比例为 10%。

（3）胶粉粒径的影响　本节的分析结果表明废旧胶粉和石油沥青并不是两个互溶的体系，而且相溶性不是很好。因此，有必要对 CR 的粒径大小对 CRMA 性能的影响进行研究。

本节选取的废旧轮胎胶粉粒径范围如下：＜40 目；40～60 目；60～80 目；＞80 目。在上述 4 个胶粉粒径范围内，使用 CR-2 与 PA-2 作为原料，在搅拌温度 190℃、CR-2 含量 10% 的条件下进行混合调配，进而对样品进行性能分析，得出最佳 CR 粒径范围。胶粉粒径大小对 CRMA 性能的影响见图 3-27。

分析柱形图 3-27，可以看出随着 CR 粒径的减小，CRMA 的延度呈增加趋势，软化点与延度一样，略有增幅；针入度指标随着 CR 粒径的减小而减小，呈正比。从图 3-25 中还可以看出，在 CR 粒径目数＞80 目的情况下，本节所述条件下调配得到的 CRMA 软化点为 59.1℃，延度为 25.82cm，针入度为 64.4（0.1mm）。此外，通过纵向比较，软化点的最大差值为 2.9℃，延度指标最大差值为 7.55cm，针入度最大差值为 0.74mm。可以发现，同一种指标在不同的胶粉粒径下变化量并不是特别明显，差量最大的是延度性能指标，说明 CR 粒径的减小在一定程度上可以增加 CRMA 的内聚力。综合考虑，本实验中制备 CRMA 的最佳 CR 粒径目数应大于 80 目。

上述实验结果表明，随着 CR 粒径的减小，在与 PA 混溶的过程中，相溶性有所增加，这可以从界面现象进行解释。由于表面张力的存在，小颗粒的熔点低于大颗粒的熔点，在相同搅拌温度下，小颗粒较大颗粒而言，溶解更加充分，形成的胶体体系更为稳定。因此，随着 CR 粒径的减小，CRMA 的性能更为优异。但是，在较高温度下，对于相同体系，在粒径差距也不是很大的情况下，所得到的 CRMA 性能差异也不是很明显。

（4）胶粉与石油沥青匹配性研究　CRMA 匹配性研究是通过经不同原料交叉

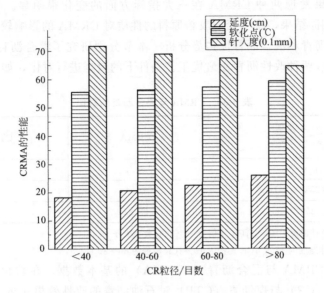

图 3-27　胶粉粒径大小对 CRMA 性能的影响

混合调配，制备得到不同的 CRMA，再对其基本性能指标进行研究，以探究原料对 CRMA 性能的影响并进行归纳和总结。

本节选取的进行匹配性研究的原料有 PA-1、PA-2、CR-1 和 CR-2，通过不同产地的废胎胶粉与石油沥青混合调配，得到 4 种不同的 CRMA，分别记为 Blend-1［(CR-1)＋(PA-1)］、Blend-2［(CR-1)＋(PA-2)］、Blend-3［(CR-2)＋(PA-1)］、Blend-4［(CR-2＋PA-2)］。这 4 种 CRMA 的制备条件相同，均在 190℃ 的搅拌温度下进行，并且 CR 掺加量均为 10％。CR 粒径目数均在大于 80 目（CR-1 经过人工粉碎后过筛）的范围内选取。调配得到的 4 种 CRMA 性能指标见表 3-32。

表 3-32　4 种 CRMA 性能指标

性能 ＼ 类别	Blend-1	Blend-2	Blend-3	Blend-4
软化点/℃	56.13	56.52	57.83	59.1
针入度(25℃)/0.1mm	70.1	71.4	64.9	64.4
延度(25℃)/cm	14.34	15.63	23.60	25.82

注：搅拌温度为 190℃；CR 比例为 10％；CR 粒径大于 80 目。

从表 3-32 中的数据分析可知，原料的差异性对各自调配得到的 CRMA 性能有着显著影响，单从延度指标分析，性能差异很大。通过对比 Blend-1、Blend-2，以及 CR 原料相同和 PA 原料不同的情况，结果发现两种 CRMA 在三大指标方面的变化并不明显；对比 Blend-3、Blend-4 也有相同结果，说明同一标号的石油沥青原料对 CRMA 的影响较小；对比 Blend-1、Blend-3，以及 CR 原料相同和 PA 原料不同的情况，结果发现两种 CRMA 在三大指标方面的变化很明显。对比 Blend-2、Blend-4 也有相同结果，说明废旧胶粉原料的性质对 CRMA 的影响较大。

（5）橡胶沥青和混合沥青优劣势分析　本节分别研究了混合沥青与 CRMA 的性能指标，选取两种改性沥青在最优工艺条件下的数据进行对比，如表 3-33 所示。

表 3-33　CRMA 与混合沥青的对比

类别 性能	CRMA	CTPMA
软化点/℃	59.1	55.15
针入度(25℃)/0.1mm	64.4	52.9
延度(25℃)/cm	25.82	56.1

注：CRMA 的搅拌温度为 190℃；CR 比例为 10%；CR 粒径大于 80 目。
　　CTPMA 的搅拌温度为 125℃；CR 比例为 15%；CR 粒径为 60～80 目。

通过对比 CRMA 与混合沥青（CTPMA）的基本数据，在软化点指标方面，废旧轮胎胶粉（CR）与煤沥青（CTP）对石油沥青的改性效果相近，所得到的改性沥青等黏温度相差 4℃；CRMA 软化点高。从这方面来讲，CRMA 优于 CTP-MA；对比针入度数据，不难发现，CTPMA 的针入度小于 CRMA，从侧面反映 CTPMA 硬度高、黏度高，抗剪切性能好。通过对比二者的延度指标数据发现，CTPMA 的延度性能明显优于 CRMA 的延度性能，同样从侧面反映 CTPMA 抗剪切性能好，分子间内聚力大。这是由于煤沥青与石油沥青在结构上均为稠环芳香结构的化合物，但又不完全相同。但是，由于相似相溶性，煤沥青较之废旧胶粉而言，与石油沥青的胶溶性更强，更加趋向均一化。综合分析，本节认为 CTP 比 CR 更适合作为道路沥青改性剂生产高等级道路沥青，即 CTPMA 的路用性能要强于 CRMA 的路用性能。

3.4.2　复合改性过程机理分析

本章第 2 节和第 3 节对混合沥青（煤沥青作为改性剂）和橡胶沥青（废旧胶粉作为改性剂）的基本路用性能，包括软化点指标、延度指标、针入度指标和老化性能进行了分析，并通过所得出的数据对改性沥青制备工艺进行了探讨，最终确定了改性沥青的最佳制备工艺，以及何种改性剂的改性效果更为优异。

虽然本章第 2 节和第 3 节所研究的指标可以反映出一些变化过程，但这些过程仅仅是通过宏观的改性效果进行分析的，对于改性过程中发生的变化也只能从各指标所代表的物理意义上进行简单推断。因此，本节将通过同步热分析、族组成分析以及红外光谱分析来探究混合沥青以及橡胶沥青在改性过程中发生的变化，进而结合本章第 2 节和第 3 节的研究结果，分析这种变化会引起何种改性效果。

3.4.2.1 沥青的同步热分析

沥青样品的同步热分析包括热重分析（TG）和差示扫描量热分析（DSC）。TG 曲线表示的是样品的质量随着温度上升的变化情况。在某一温度下，若 TG 曲线显示样品开始有质量损失，则表明在该温度下，样品失去水分或开始分解。若在某一温度范围内，样品质量损失最多（纵坐标差量），则表明在该温度范围内，样品的热解最为剧烈。DSC 曲线的物理意义是样品热解过程的焓变（ΔH）随着时间（t）或温度（T）的变化率，从某种程度上可以反映吸热或放热情况，表征样品相态的变化。但是，沥青样品结构复杂，所表现出的峰在大多数情况下为多种组分的重叠峰，但 DSC 曲线在一定程度上仍然可以反映样品在产生峰的温度范围内的聚集状态。

3.4.2.2 样品的热分析

本节所使用的热分析仪型号为 Setsys Evolution 2400，将准备好的待测样品称重（精确至 0.0001g），在前面所述测定条件下将样品放入样品池中进行测定。废旧轮胎胶粉的 TG-DSC 曲线如图 3-28 所示。石油沥青的 TG-DSC 曲线如图 3-29 所示。

如图 3-28 所示，分析 CR-2 的 TG 曲线，可以看出从室温开始加热，随着温度的升高，CR-2 质量开始下降的温度出现在 210℃左右，即 CR-2 在 210℃左右开始分解；直至 500℃时，其质量又趋于稳定。在 210～500℃的温度范围内，CR-2 的质量差值最大，表明 CR-2 在该温度区间内发生的分解反应最为剧烈。当反应至 500℃时，分解反应基本完成。

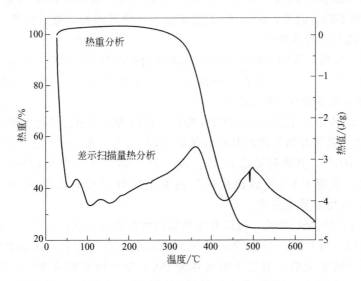

图 3-28　废旧轮胎胶粉的 TG-DSC 曲线

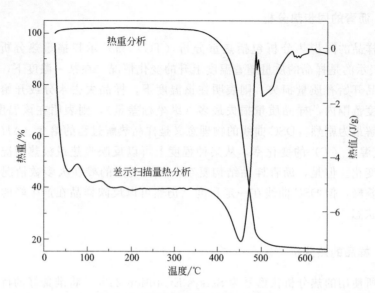

图 3-29 石油沥青的 TG-DSC 曲线

分析样品的 DSC 曲线，可以看出热流值均在基线以下，表明胶粉热解的过程为吸热过程；第一个吸热峰出现在 50℃ 左右，这是胶粉中熔点较低的小颗粒相变热；第二个吸热峰为胶粉中吸附水的蒸发热，结合 TG 曲线，在失去水分的过程中，TG 曲线几乎没有波动，说明 CR-2 中水分含量很少。160℃ 的吸热峰为层间结合水的蒸发焓变，含量也不多；360～490℃ 的吸热峰产生时胶粉中的主要成分，即橡胶类物质（天然橡胶和合成橡胶）剧烈热解生成气体和小分子挥发性物质，此时吸热量为最大；同时，由于只要成分发生挥发，则使样品的质量急剧减少，TG 曲线急剧下降。此外，500℃ 时还能观察到一个吸热峰，通过分析，本节认为这是胶粉中结晶水的蒸发焓。

通过以上分析，废旧胶粉（CR-2）的开始分解温度为 210℃，发生剧烈分解的温度区间为 360～490℃。因此，在制备 CRMA 的工艺中，搅拌温度不能超过 210℃；否则 CR-2 会发生分解反应。

如图 3-29 所示，根据 PA-2 的 TG 曲线，可以看出从室温开始加热，随着温度的升高，PA-2 质量开始下降的温度出现在 310℃ 左右，即 PA-2 在 310℃ 左右开始分解；直至 580℃，其质量又趋于稳定。在 310～580℃ 的温度范围内，PA-2 的质量差值最大，表明 PA-2 在该温度区间内发生的分解反应最为剧烈，当反应至 580℃ 时，分解反应基本完成。

分析 PA-2 的 DSC 曲线，可以看出热流值均在基线以下，表明 PA-2 热解的过程为吸热过程，与 CR-2 相同；第一个吸热峰出现在 50℃ 左右，这是 PA-2 中熔点较低的小颗粒的相变热。第二个吸热峰为 PA-2 中吸附水的蒸发热，结合 TG 曲线，在失去水分的过程中，TG 曲线几乎没有波动，说明 PA-2 中水分含量也不多；

160℃时的吸热峰为层间结合水的蒸发焓变，水分含量也不多。其在380～490℃的吸热峰峰面积最大，说明这个温度段 PA-2 的吸热量最多；同时，在该温度段，PA-2 的 TG 曲线急剧下降（同样是由于挥发成分的逸出），分解反应最为剧烈；500℃时的吸热峰与 CR-2 相同，为 PA-2 中结晶水的蒸发焓。与 CR-2 不同的是，PA-2 在520℃附近还有一个较大的吸热峰。这是由于在该温度下，某些结构单元经过软化、熔融、流动阶段，形成了一种特殊的三相为一体的胶质体而引起的相变热，这些胶质体最终收缩成为半焦。

结合 CR-2 的分析结果，PA-2 开始分解的温度远远高于 CR-2 开始分解的温度。因此，CRMA 制备工艺选取190℃作为搅拌温度是可行的。

如图 3-30 所示，根据 CRMA 的 TG 曲线，可以看出其变化趋势与 PA-2 完全一致：从室温开始加热时，随着温度的升高，质量开始下降的温度出现在310℃左右，即 CRMA 在310℃左右开始分解；直至580℃时，其质量又趋于稳定。在310～580℃的温度范围内，CRMA 的质量差值最大，表明 CRMA 在该温度区间内发生的分解反应最为剧烈，反应至580℃时，分解反应基本完成。

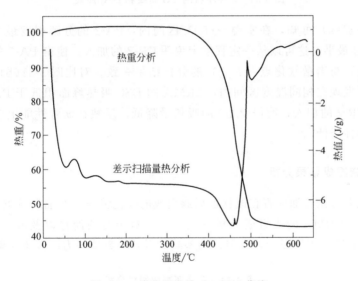

图 3-30　橡胶沥青的 TG-DSC 曲线

分析 CRMA 的 DSC 曲线，可以看出在450℃之前，CRMA 的 DSC 曲线变化趋势以及吸热峰位置与 PA-2 完全一致，此处不再赘述。当温度为470℃时，CRMA 有一个很小的吸热峰出现，在 PA-2、CR-2 中均没有发现。分析其原因，是由于 PA-2、CR-2 在搅拌工艺下的混合调配过程中发生某种化学变化，生成新物质，导致物性差异，出现不同的吸热峰；并且观察 CRMA 的 DSC 曲线还可以看到在650℃附近出现了放热峰，说明在 PA-2、CR-2 共混过程中不仅仅是简单的物理混合，很有可能发生了化学变化。

将上述 3 种原料的 TG 曲线和 DSC 曲线分别绘于同一张坐标图中，进行纵向比较，如图 3-31(a)、(b)所示。

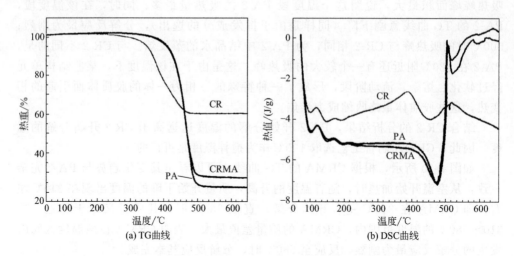

图 3-31　3 种原料的 TG 曲线和 DSC 曲线

由图 3-31(a) 可知，在室温～650℃区间内，PA-2 的分解程度最大，CRMA 次之，CR-2 最小。这可以从一定程度上说明 CR-2 的加入，使得 PA-2 的高温稳定性得到提高，与当量软化点（T_{800}）的分析结果一致。对比图 3-31(b) 中的三条曲线，可以发现在相同温度区间内，CRMA 的 DSC 吸热峰面积低于 PA-2 的峰面积，说明 CR-2 的加入，使得 PA-2 的吸热量降低，反映在沥青性能上就是指沥青的温度敏感性降低。

3.4.2.3　族组成结果分析

本节主要对比石油沥青在改性前后族组成的变化情况，石油沥青 PA-1、CTP-MA、PA-2、CRMA 的族组成分析见表 3-34。对于石油沥青以及改性沥青而言，经 THF 萃取后残渣量极少，近似认为差减法得到的数值即为沥青质含量。

表 3-34　石油沥青族组成分析

类别 组分	PA-1	CTPMA	PA-2	CRMA
饱和分/%	45.33	31.25	45.41	41.31
芳香分/%	17.39	24.62	16.37	16.02
树脂/%	28.87	34.63	29.16	33.16
沥青质/%	8.41	9.50	9.06	9.51

分析表 3-34 数据可知，PA-1 和 PA-2 的数据相差不大，且均在标准范围内，

说明同一标号的石油沥青族组成含量相近，同一标号的石油沥青对橡胶沥青性能影响不大。

对比 PA-1 与 CTPMA 的数据，即石油沥青与混合沥青族组成的比较，可以看出较石油沥青而言，混合沥青的族组成含量发生了一些变化。其饱和分含量从 45.33% 降至 31.25%，下降明显；其芳香分含量从 17.39% 升高至 24.62%，有较大增幅；其胶质含量由 28.87% 增加至 34.63%，也有明显增幅；其沥青质含量由 8.41% 提高至 9.50%，略有增加。说明在混合沥青制备条件下，煤沥青的加入使得石油沥青的胶溶体发生了某些变化，导致族组成含量的差异。总体趋势是分子量小的基团向分子量大的基团转变，尤以芳香分和胶质的增加量最为显著。

对比 PA-2 与 CRMA 的数据，即石油沥青与橡胶沥青族组成的比较，可以看出较石油沥青而言，橡胶沥青的族组成含量也发生了一些变化，但变化量没有 CTPMA 明显。其饱和分的含量从 45.41% 降至 41.31%，略有下降；其芳香分含量从 16.37% 降低至 16.02%，稍有下降；其胶质含量由 29.16% 增加至 33.16%，有明显增幅；其沥青质含量由 9.06% 提高至 9.51%，略有增加。说明在橡胶沥青制备条件下，橡胶粉末的加入使得石油沥青的结构发生了某些变化，导致族组成含量的差异。总体趋势是少量分子量小的基团，向分子量大的基团聚集转变，以胶质的增加量最为显著，沥青质次之，饱和分与芳香分减少量不明显。

实验结果表明改性剂的存在，会使石油沥青的组分发生变化，但并不能反映出这种变化具体是由物理过程还是化学过程引起的。本节使用简单计算的方法进行探究，以初步推断是否存在化学变化过程。

计算过程需要假定一个理想状态，即原料之间混合充分，保证样品中每一部分的比例均为制备改性沥青的添加比例。由于胶粉不溶于 THF 等有机溶剂，在本节的分析方法下无法对其族组成进行实验。因此，本节只针对 CTP-1、PA-1 和 CTPMA 进行简单计算和分析，煤沥青条件比例为 15%，并对族组成进行归一化处理。分析依据是：若在改性沥青制备过程中只是简单的物理共混，那么在理想状态下，族组成的含量就应该具有加和性，计算公式见式（3-12）。

$$(15\%V_{CTP-1}) + (85\%V_{PA-1}) = V_{CTPMA}(id) \tag{3-12}$$

式中，V_{CTP-1} 为 CTP-1 各组成的含量；V_{PA-1} 为 PA-1 各组成的含量；V_{CTPMA}（id）为理想状态下 CTPMA 各组成的含量。计算结果分析见表 3-35。

表 3-35　计算结果分析

类别 组分	PA-1	CTP-1	CTPMA(id)	CTPMA
饱和分/%	45.33	3.81	39.10	31.25
芳香分/%	17.39	20.20	17.81	24.62
树脂/%	28.87	43.19	31.02	34.63
沥青质/%	8.41	32.8	12.07	9.50

注：CTPMA(id) 表示在理想状态下。

表 3-35 中的 CTPMA（id）数据虽然是在并不存在的理想状态下计算得到的，

并不能表示实际情况下的族组分组成，但是其数据可以作为一个阈值，在仅仅发生物理共混过程的情况下，对混合沥青族组成变化区间范围的划定有重要意义。以饱和分为例，假定只发生物理共混，在实际情况下，混合并不均匀，可用于分析的样品 CTP-1 含量应介于 0%～15%。所以，相对应的、以计算法得到的饱和分含量应在 CTPMA（id）与 PA-1 之间，即区间范围为 39.10%～45.33%。同理，芳香分含量区间范围应为 17.39%～17.81%，胶质含量区间范围为 28.87%～31.02%，沥青质含量范围应为 8.41%～12.07%。

对 CTPMA 族组成含量的实测数据进行分析时，饱和分、芳香分以及胶质的实测含量均不在仅仅发生物理共混的理论含量区间范围内。具体表现为饱和分低于最低理论含量，芳香分和胶质均高于最高理论含量，沥青质的含量仅发生在物理共混的理论区间范围内。因此，本研究认为 CTP-2 与 PA-2 共混制备混合沥青的过程不仅仅是简单的物理共混过程，还有化学变化发生，主要是类似于饱和分的低分子量化合物发生聚合反应，生成类似于胶质等分子量较大的物质。

3.4.2.4 沥青的红外光谱分析

本节对沥青改性过程中是否发生化学变化进行了理论分析，认为改性过程中伴有化学反应的发生，但具体发生什么变化并不清楚。因此，本节对石油沥青（PA）、混合沥青（CTPMA）以及橡胶沥青（CRMA）进行红外光谱分析，以探究改性过程中官能团的变化情况。

PA-1、CTPMA 以及 CRMA 的红外光谱分析见图 3-32。

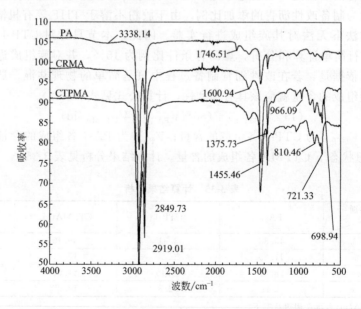

图 3-32 PA-1、CTPMA 以及 CRMA 的红外光谱分析

分析沥青样品的红外光谱分析（图 3-32），从大致形状上来看，PA-1、CTP-MA 以及 CRMA 的谱图基本相同，但也存在一些微小差异；有旧官能团的消失，也有新官能团的产生，具体讨论如下。

在 $3338cm^{-1}$ 处的吸收峰为 O-H 的伸缩振动，但在 CTPMA 和 CRMA 谱图中并没有发现此特征峰，表明改性沥青制备过程中发生了脱羟基反应。在 $2919.01cm^{-1}$ 和 $2849.73cm^{-1}$ 处 3 个谱图均有两个强的特征吸收峰，这是存在于环烷烃与烷烃中的亚甲基—CH_2—以及 C—H 吸收红外光谱发生振动的特征峰，$2919.01cm^{-1}$ 处的特征峰更为强烈。改性沥青较石油沥青而言，这两个峰有所增强。

在 $1746.51cm^{-1}$ 处吸收峰代表的是 C═O 伸缩振动的特征吸收峰。观察谱图可以看出，橡胶沥青 CRMA 的谱图中并没有这个吸收峰，而 CTPMA 谱图中 C═O 吸收峰也很弱。表明橡胶沥青在 190℃ 改性过程中，C═O 发生裂解。因为羧基裂解温度为 200℃ 左右，此处为羧基的裂解。

$1455.46cm^{-1}$ 处的强吸收峰和 $1600.94cm^{-1}$ 处的弱吸收峰的存在，表明沥青样品中存在芳香环。C═C 伸缩振动吸收位于 $1650\sim1600cm^{-1}$、$1525\sim1450cm^{-1}$ 两个区域。因此，这两个吸收峰代表的是稠环芳香烃中，C═C 发生伸缩振动的特征峰。改性沥青较石油沥青而言，这两个峰有所增强，表明在沥青改性过程中，会发生芳香环的缩聚反应，生成分子量更大的物质。在 $1375.73cm^{-1}$ 处的吸收峰为甲基的对称变形以及 C—H 的弯曲振动吸收峰。

在 $400\sim1350cm^{-1}$ 的吸收区域内为红外谱图的指纹区，即组成十分复杂的分析指纹区，得到 $966.09cm^{-1}$、$1033.11cm^{-1}$ 处的吸收峰为 C—O 的伸缩振动；而 $650\sim910cm^{-1}$ 吸收范围为苯环取代区，包括 C—C 的骨架振动以及 C—H 的弯曲振动，如图 3-30 所示的 $810.46cm^{-1}$、$721.33cm^{-1}$ 以及 $698.94cm^{-1}$ 处的吸收峰。

3.4.3　SBS 调配混合沥青

本节针对石油沥青使用过程中所存在的一些主要问题，以改善煤沥青与石油沥青的相容性为主要目的，同时加入 SBS 来改善煤沥青改性石油沥青的三大指标。在实验室的条件下，评价和分析改性沥青的性能，主要研究内容如下。

（1）在剪切搅拌的条件下，将不同目数的煤沥青与石油沥青在恒定转速、恒定温度的条件下，按照不同的掺加量进行混合。当搅拌至恒定时间后，测定煤沥青改性石油沥青的三大指标。

（2）在机械搅拌的条件下，将不同目数的煤沥青与石油沥青在恒定转速、恒定温度的条件下，按照与剪切搅拌相同的掺加量进行混合。当搅拌至恒定时间后，测定机械搅拌条件下煤沥青改性石油沥青的三大指标。

（3）比较两种搅拌条件下，煤沥青改性石油沥青的三大指标的优劣。

（4）选取最优的搅拌方式、煤沥青颗粒度和掺加量，加入不同比例的SBS，测定SBS/煤沥青复合改性石油沥青的三大指标。

（5）测定不同目数煤沥青对石油沥青抗老化性能的改善情况。

（6）测定煤沥青的组分，探究煤沥青对改性石油沥青抗老化性能的影响机理。

SBS调配混合沥青实验技术路线如图3-33所示。

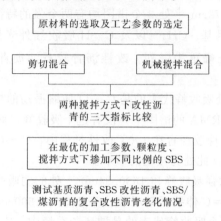

图3-33　SBS调配混合沥青实验技术路线

3.4.3.1　SBS的选取

SBS（苯乙烯-丁二烯-苯乙烯三嵌段共聚物）有星型和线型两种类型。在查阅相关文献和对市场进行调查后发现，线型SBS的改性效果明显优于星型SBS。因此，本书中选用线型SBS，其物理性质如表3-36所示。

表3-36　线型SBS物理性质

分子量	290000	拉伸强度/MPa	＞18.0
嵌段比（S/B）	30/70	伸长率/%	＞700
充油率/%	0	永久变形/%	＜45

当SBS的含量在一定比例范围内时，SBS在石油沥青中发生溶胀与石油沥青形成一种稳定的网状结构，能够改善石油沥青的性能，起到改性作用。当SBS的掺加量超过较优比例时，这实际上不是SBS对石油沥青起改性作用，而是SBS受到石油沥青中的油分影响而产生塑形变化。此时，SBS中分散着石油沥青的重质组分，这种情况所形成的体系实际上是表现出与SBS聚合物类似的性质。综上所述，SBS要想对石油沥青起到改性作用，必须与石油沥青形成稳定的网状结构；否则，SBS的作用只是增大体积和起到填充作用，SBS不会在石油沥青中发生溶胀和溶解，这时SBS对石油沥青起不到改性作用，沥青的弹性性质不能很好地表现出来。因此，为了充分展现SBS/煤沥青复合改性石油沥青的改性作用，本书中的SBS掺加量较小。

3.4.3.2 搅拌方式对煤沥青改性石油沥青的影响

采用改性剂时要想使石油沥青发挥最优的改性效果，搅拌方式的确定是非常重要的。目前用于改性沥青的搅拌方式主要有两种：机械搅拌；剪切搅拌。机械搅拌是依靠搅拌叶轮在容器中对流体进行搅拌，是将不同种类的物质混合在一起的一种搅拌方法，其操作简单，价格便宜，对环境及操作人员的要求较低。剪切搅拌同样也是经常使用的搅拌方式。当剪切机开始工作的时候，剪切头的下部形成真空，混合料在真空的作用下被剪切头吸入，在剪切头中定子与转子的作用下被剪切、粉碎，剪切头高速旋转所形成的离心力将混合料从定子中甩出时还进行着非常激烈的碰撞。定子对于间隙流量的控制，有效地防止了大量混合料的转动，使混合料在一个非常小的空间内产生更为主要的混合作用。这两种搅拌方式各有优劣，因此在本节中比较这两种搅拌方式对于改性效果的影响。

本实验中首先采用剪切搅拌的方式，将煤沥青与石油沥青混合，考察了剪切条件下煤沥青的加入对石油沥青三大指标的影响，相关实验结果见表 3-37～表 3-39 和图 3-34～图 3-36。

表 3-37　剪切搅拌条件下，煤沥青掺加量对石油沥青 25℃ 针入度的影响

单位：0.1mm

目数 掺加量	<20 目	20～40 目	40～60 目	60～80 目	>80 目
10%	6.45	6.24	6.12	5.95	6.41
15%	7.22	7.60	7.54	7.32	6.70
20%	7.04	6.50	6.90	6.47	6.50

表 3-38　剪切搅拌条件下，煤沥青掺加量对石油沥青 15℃ 针入度的影响

单位：0.1mm

目数 掺加量	<20 目	20～40 目	40～60 目	60～80 目	>80 目
10%	2.05	2.21	2.17	1.96	2.14
15%	2.53	2.49	2.46	2.13	2.33
20%	2.23	2.15	2.08	1.74	1.89

表 3-39　剪切搅拌条件下，煤沥青掺加量对石油沥青 30℃ 针入度的影响

单位：0.1mm

目数 掺加量	<20 目	20～40 目	40～60 目	60～80 目	>80 目
10%	9.45	10.67	9.98	11.14	10.52
15%	12.15	14.03	12	12.5	12
20%	11.27	9.89	11.06	9.86	10.36

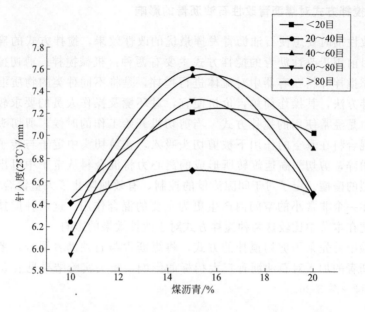

图 3-34　煤沥青掺加量对改性沥青 25℃针入度的影响

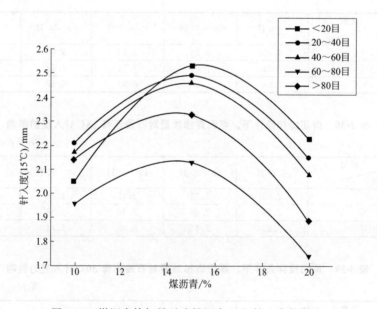

图 3-35　煤沥青掺加量对改性沥青 15℃针入度的影响

　　沥青的针入度是反映沥青性能的重要指标之一，其在特定的条件下可以反映沥青的黏度，有效地表示沥青的软硬以及是否黏稠。通过分析表 3-37～表 3-39 中的数据，以及图 3-34～图 3-36 的变化趋势可知，煤沥青的掺加量对改性沥青的针

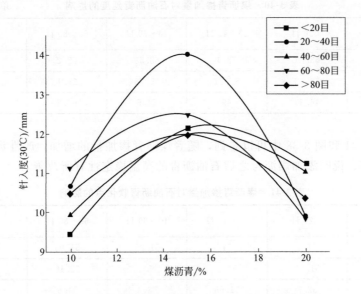

图 3-36　煤沥青掺加量对改性沥青 30℃针入度的影响

入度是有影响的，在 10%～20% 的范围内，针入度随着沥青掺加量的升高先增大再减小，在煤沥青掺加量为 15% 时取得最大值。

　　分析表 3-40 中的数据，以及图 3-37 中煤沥青掺加量对延度的影响可知，随着煤沥青掺加量的升高，改性沥青的延度出现明显降低。分析原因：可能是随着煤沥青掺加量的提高，煤沥青分散在石油沥青中的颗粒状不溶物增多，导致改性沥青延度大幅降低。

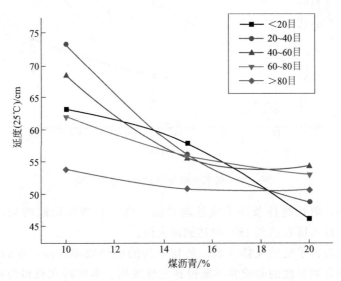

图 3-37　煤沥青掺加量对延度的影响

表 3-40　煤沥青掺加量对石油沥青延度的影响　　　单位：cm

目数 掺加量	<20目	20~40目	40~60目	60~80目	>80目
10%	63.33	73.4	68.53	62.2	54
15%	58.03	56.27	55.73	56.1	51.05
20%	46.33	49	54.5	53.2	50.85

从表 3-41 和图 3-38 中可以看到，随着煤沥青掺加量的增加，改性沥青的软化点逐渐升高，说明添加煤沥青之后石油沥青的高温稳定性有所改善。

表 3-41　煤沥青掺加量对石油沥青软化点的影响　　　单位：℃

目数 掺加量	<20目	20~40目	40~60目	60~80目	>80目
10%	51.4	51	51.35	51.95	50.85
15%	51.55	51.2	53	52.15	51.05
20%	52.3	51.65	53.4	54.6	54

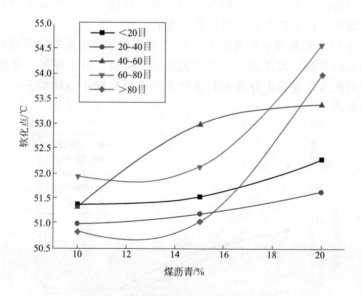

图 3-38　煤沥青掺加量对软化点的影响

综上所述，剪切搅拌条件下改性沥青随着煤沥青掺加量的增加，延度下降，软化点升高，针入度在达到 15% 时达到最大值。

此外，还进行了机械搅拌实验。剪切搅拌的剪切效率较高，在强大的剪切力作用下，煤沥青颗粒度的影响并不能得到充分发挥。本实验在机械搅拌的条件下，研究煤沥青颗粒度对改性沥青三大指标的影响，具体实验结果（表 3-42～表 3-45）

如下。

表 3-42 煤沥青掺加量为 5% 时，不同目数下的改性沥青三大指标

指标 \ 目数	<20目	20~40目	40~60目	60~80目	>80目
延度/cm	50.3	49.9	51.1	59.65	51.3
软化点/℃	50.5	51.2	51.65	53	51
针入度(15℃)/0.1mm	3.34	3.3	3.12	3.06	2.69
针入度(25℃)/0.1mm	8.51	8.40	8.39	8.33	8.3
针入度(30℃)/0.1mm	15.99	14.91	14.7	12.62	12.36

表 3-43 煤沥青掺加量为 10% 时，不同目数下的改性沥青三大指标

指标 \ 目数	<20目	20~40目	40~60目	60~80目	>80目
延度/cm	29.7	30.7	38.4	41.9	29.3
软化点/℃	53.6	53.65	54.05	58	52.25
针入度(15℃)/0.1mm	2.98	2.77	2.7	2.5	2.16
针入度(25℃)/0.1mm	8.35	7.84	7.82	7.6	7.41
针入度(30℃)/0.1mm	14.07	13.66	13.25	12.43	10.64

表 3-44 煤沥青掺加量为 15% 时，不同目数下的改性沥青三大指标

指标 \ 目数	<20目	20~40目	40~60目	60~80目	>80目
延度/cm	26.33	27.25	28.5	28.95	25.33
软化点/℃	52.7	50.35	51.65	51.5	52.25
针入度(15℃)/0.1mm	2.72	2.65	2.56	2.37	2.06
针入度(25℃)/0.1mm	8.02	7.72	7.45	7.45	7.25
针入度(30℃)/0.1mm	13.89	13.5	13.35	12.13	11.71

表 3-45 煤沥青掺加量为 20% 时，不同目数下的改性沥青三大指标

指标 \ 目数	<20目	20~40目	40~60目	60~80目	>80目
延度/cm	25.87	25.33	31.33	35.93	24.1
软化点/℃	51.15	53.6	50.45	54.65	52.25
针入度(15℃)/0.1mm	2.45	2.24	2.06	2.03	1.96
针入度(25℃)/0.1mm	7.8	7.50	7.35	7.3	7.22
针入度(30℃)/0.1mm	13.79	12.08	11.94	11.67	10.64

3.4.3.3 煤沥青粒径与改性沥青的关系

（1）煤沥青粒径与改性沥青针入度的关系 由表 3-46～表 3-47，以及图 3-39～图 3-41 分析可知，随着煤沥青粒径目数的不断增大，煤沥青颗粒越来越细，导致石油沥青的针入度越来越小。通过分析可知，在机械搅拌的条件下煤沥青粒

径的目数不宜超过 80 目。煤沥青是一种硬质沥青，我们期望通过用煤沥青改性石油沥青，得到的改性沥青可用于温度较高的环境中；同时，使煤沥青能够与石料很好地黏附在一起，而且能够防止微生物对于路面的侵害，使路面的行驶情况得到改善，路面的使用寿命得到延长。

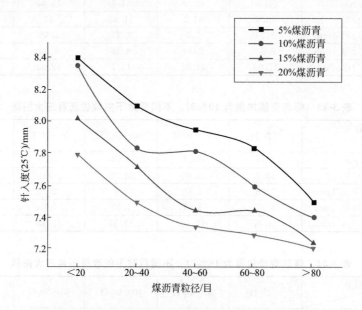

图 3-39　煤沥青粒径对改性沥青 15℃针入度的影响

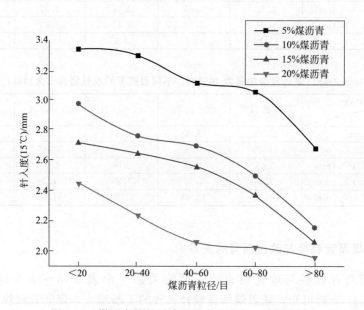

图 3-40　煤沥青粒径对改性沥青 25℃针入度的影响

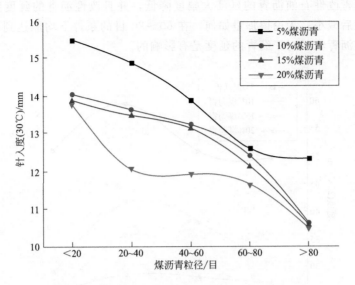

图 3-41　煤沥青粒径对改性沥青 30℃针入度的影响

（2）煤沥青粒径目数与改性沥青软化点的关系　通过图 3-42 我们可以看出，随着粒径目数的不断变大，改性沥青的软化点先增大后减小；在 60～80 目时，改性沥青的软化点达到最大值。说明煤沥青粒径在 60～80 目时，能够很好地提高改性沥青的高温稳定性。

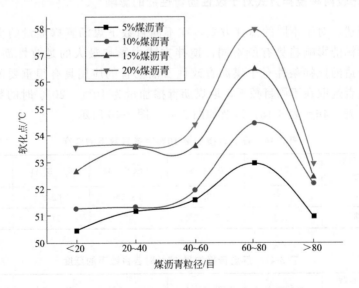

图 3-42　煤沥青粒径对改性沥青软化点的影响

（3）煤沥青粒径目数对延度的影响　从图 3-43 可以看出，相对于石油沥青的延度，煤沥青改性石油沥青的延度大幅度降低，并且改性沥青的延度随着目数的增加先增大后减小；无论掺加量如何，在 60~80 目的条件下均能达到延度的最大值。说明煤沥青粒径对于沥青的延度是有影响的。

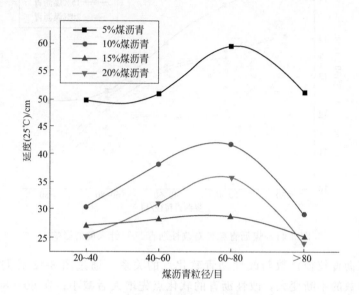

图 3-43　煤沥青粒径目数对延度的影响

3.4.3.4　比较两种搅拌方式对于改性沥青性能的影响

综上所述，对于不同的搅拌方式，在不同目数下煤沥青掺加量的变化对改性沥青三大指标的影响趋势有所不同，搅拌方式中影响最大的是改性沥青的延度。如何选取合适的搅拌条件对于煤沥青改性石油沥青的应用具有很重要的意义。对于延度，笔者选取在不同目数下，取煤沥青掺加量为 10%~20% 时的数据进行比较，分别见表 3-46~表 3-48，以及如图 3-44~图 3-46 所示。

表 3-46　煤沥青掺加量 10% 时各目数下的延度　　　单位：cm

目数 搅拌方式	<20 目	20~40 目	40~60 目	60~80 目	>80 目
剪切搅拌	63.33	73.4	68.53	62.2	54
机械搅拌	51.3	51.35	52	54.5	52.25

表 3-47　煤沥青掺加量 15% 时各目数下的延度　　　单位：cm

目数 搅拌方式	<20 目	20~40 目	40~60 目	60~80 目	>80 目
剪切搅拌	58.03	56.27	55.73	56.1	51.05
机械搅拌	52.7	53.6	53.65	56.5	52.5

表 3-48 煤沥青掺加量 20％时各目数下的延度　　　　单位：cm

搅拌方式＼目数	＜20 目	20～40 目	40～60 目	60～80 目	＞80 目
剪切搅拌	46.33	49	54.5	53.2	50.85
机械搅拌	53.6	53.65	54.45	58	53

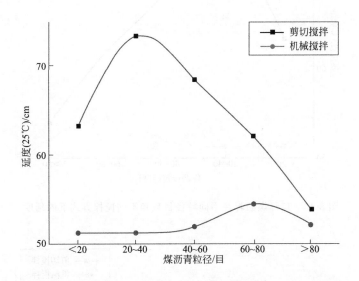

图 3-44　10％煤沥青在不同粒径目数和不同搅拌方式下的延度

通过图 3-44～图 3-46 的比较可以看出，在煤沥青掺加量为 10％时，剪切搅拌后的改性沥青的延度明显大于机械搅拌后的沥青。但是，随着煤沥青掺加量的增大，二者之间的差距开始变小；当煤沥青掺加量为 20％时，机械搅拌的延度甚至比剪切搅拌的延度高。说明对于煤沥青改性石油沥青而言，并非是剪切效率越高越好；当煤沥青掺加量较大时，机械搅拌与剪切搅拌这两种搅拌方式所得到的延度其实差不多。在某些情况下，机械搅拌后混合沥青的延度甚至比剪切搅拌效果好；而且机械搅拌设备价格低廉、操作要求低、容易清洗，对人员和工作的环境的要求低。因此，在后面的研究中选取机械搅拌作为煤沥青/SBS 复合改性石油沥青的搅拌方式。

3.4.3.5　SBS 对煤沥青改性石油沥青的影响

延度对于沥青性能的研究具有很重要的意义，它表示沥青在断裂前能够被拉伸的能力，本质上既反映了沥青的流变性能，也反映了沥青抗变形的能力和抗开裂的能力。但是，无论是机械搅拌还是剪切搅拌，都无法避免煤沥青改性石油的延度相对于石油沥青大幅降低的事实，这一事实严重影响煤沥青改性石油沥青的大规模推广。

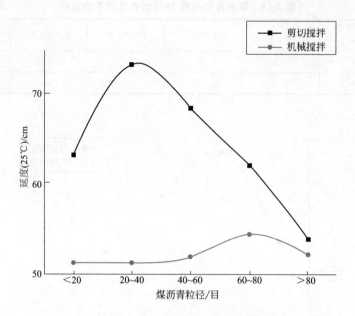

图 3-45　15％煤沥青在不同粒径目数和不同搅拌方式下的延度

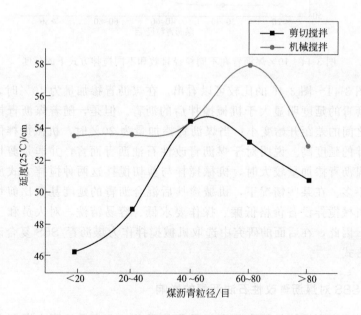

图 3-46　20％煤沥青在不同粒径目数和不同搅拌方式下的延度

　　本节选取 60～80 目的煤沥青作为研究对象，以 0.5％为间隔逐渐改变 SBS 的掺加量，观察 SBS 的掺加量是否存在一个改性石油沥青最优比例（表 3-49、表 3-50）。

表 3-49 60～80 目煤沥青改性石油沥青掺加不同比例 SBS 时的延度

指标 \ 类别	基质沥青	0.5％SBS	1％SBS	1.5％SBS	2％SBS
延度(25℃)/cm	140	52	62.6	110	61.3

表 3-50 20％煤沥青掺加 1.5％SBS 时不同目数的三大指标

指标 \ 类别	基质沥青	0.5％SBS	1％SBS	1.5％SBS	2％SBS
延度(25℃)/cm	140	52	62.6	110	61.3
软化点/℃	50.1	48.95	49.7	50.55	50.75
针入度(15℃)/0.1mm	3.27	3.06	2.73	2.45	2.19
针入度(25℃)/0.1mm	8.19	8.00	7.94	7.79	7.65
针入度(30℃)/0.1mm	15	15.5	15.23	14.1	13.24

由图 3-47 可以看出，SBS 在改性沥青中的掺加量有一个最优比现象，以煤沥青为 60～80 目、SBS 掺加量为 1.5％时的改性沥青延度为最好。这表明在机械搅拌的条件下，SBS 的掺加量并不是越多越好，而是存在一个最优量。如果超过这一比例，SBS 就可能不会形成稳定的网状结构，从而影响改性沥青的使用性能。

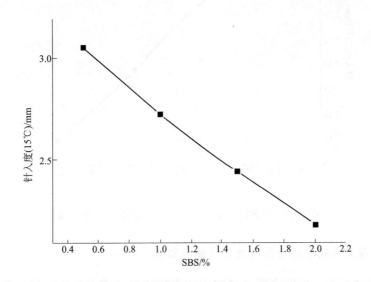

图 3-47 SBS 掺加量不同时的改性沥青延度

沥青的软化点是反映沥青高温性能的重要指标，改性沥青的聚合程度和分子量会随着改性沥青软化点的提高而增加；反映在公路上的应用时，沥青的软化点越高，公路的使用寿命越长，高温下的稳定性越好。

由图 3-47 还可以看出，煤沥青/SBS 复合改性沥青的软化点随着 SBS 掺加量的升高而不断增加。在本实验中，SBS 的掺加量为 2％时达到最大值。通过分析可以得出，这是因为分子量较大的煤石油沥青混合物与 SBS 一起搅拌时，芳香分和胶质使得沥青溶解成为胶团，形成稳定、不规则的网状结构；同时，胶团之间的缝隙由一些胶状溶液所填充，从而使得复合改性后的沥青软化点升高。

针入度实验是一种剪切蠕变测试，其反映的针入度可以反映沥青在载重条件下的抗变形能力。对于本实验的改性沥青来说，采用同一种煤沥青改性石油沥青时，若 SBS 掺加量不同，所制得的改性沥青针入度也会不一样。

从图 3-48～图 3-50 可以看出，复合改性沥青的针入度随着 SBS 掺加量的提高而不断降低，当 SBS 的掺加量为 2％时达到最低值。这是因为 SBS 与煤沥青复合改性时，石油沥青中的沥青质是一个非常大的分子结构，在搅拌过程中混合物中的胶质和芳香分将沥青质全部溶解形成胶团，因而使改性沥青的流动性变得非常好。如果胶质和芳香分没有与沥青质形成胶团结构，那么剩余的沥青质就会结合在一起，与现有胶团构成稳定的网状结构，致使复合改性沥青变硬，针入度降低。

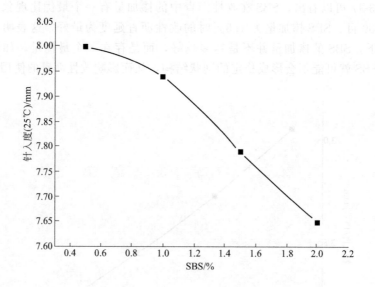

图 3-48　SBS 掺加量不同时改性沥青的 25℃ 针入度

3.4.3.6　煤沥青对基质沥青抗老化性能的影响

在现实生活中，旧沥青混合料的随意堆积造成严重的环境问题。假如能将旧沥青混合并进行回收利用，能够节省大量的砂石材料，对于偏远地区还能够降低物料的运输费用。这样不仅能够降低生产成本，还能保护生态环境，可谓一举两得。

研究沥青的老化过程和老化机理是实现沥青混合料回收的前提。沥青的老化是由于沥青在运输、储存和铺筑路面后的长时间使用过程中与空气相接触后发生的一系列氧化、聚集等现象。这种现象使得沥青的内部结构和化学性质发生较大

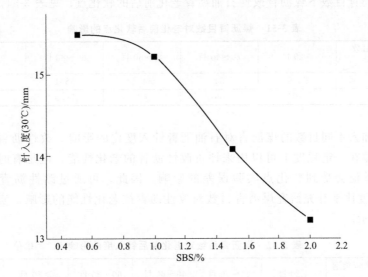

图 3-49 SBS 掺加量不同时改性沥青的 15℃ 针入度

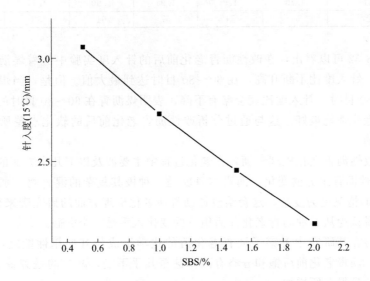

图 3-50 SBS 掺加量不同时改性沥青的 30℃ 针入度

改变，使沥青的后续使用性能受到严重影响。本节研究拟通过加入煤沥青来观察煤沥青对石油沥青抗老化性能的影响，并分析煤沥青影响石油沥青老化性能的机理，主要内容如下。

（1）不同目数的煤沥青对石油沥青老化前后软化点差的影响　不同种类的石油沥青在其软化点温度所表现出来的黏度是相同的，所以软化点反映的是黏度相同时的不同温度。这一指标可以很好地反映石油沥青的温度敏感性，本实验测试了不同煤沥青目数下煤沥青改性石油沥青老化前后的软化点，见表 3-51。

表 3-51　煤沥青目数对老化前后软化点的影响　　　　　单位：℃

目数 软化点	<20 目	20~40 目	40~60 目	60~80 目	>80 目
老化前	53.8	54	54.4	55.1	50.4
老化后	70	66	63	59.9	58.1

（2）加入不同目数的煤沥青对石油沥青针入度比的影响　改性沥青老化前后的软化点差在一定程度上可以用来评价改性沥青的老化性能，但是有时软化点老化前后的差值会受到软化点实验误差的影响。因此，可通过改性沥青老化前后25℃针入度比来补充研究煤沥青目数对改性沥青抗老化性能的影响，实验结果如表 3-52 所示。

表 3-52　煤沥青目数对老化前后针入度的影响　　　　单位：0.1mm

目数或类别 软化点	<20 目	20~40 目	40~60 目	60~80 目	>80 目	基质沥青
老化前	3.54	3.52	3.40	3.09	3.05	3.8
老化后	1.79	1.9	1.94	1.90	1.77	1.78
针入度比/%	51	54	57	61	58	47

由表 3-52 可以看出，在改性沥青老化前后的针入度实验中随着煤沥青颗粒度不断减小，针入度比不断升高，在 60~80 目时达到最大值。但是，当煤沥青目数大于 60~80 目时，针入度比就会略有下降，表明煤沥青在 60~80 目时的针入度比最大，抗老化性能最好。这与通过分析改性沥青老化前后的软化点差所得出的结论是一致的。

（3）改性沥青老化机理　沥青在老化过程中主要涉及以下几个方面的变化。

① 改性沥青组分的变化。沥青本身就是一种极其复杂的混合物，加入煤沥青及 SBS 后的情况更为复杂，这会给改性沥青在老化机理方面的研究带来很大困难。许多研究者认为从石油沥青老化前后组分的变化入手是一个突破点。

戴跃玲在其研究中考察了沥青老化后的化学组成与其使用性能之间的关系，研究得出：沥青老化前后饱和分略有减少甚至几乎不变，减少的是芳香分和胶质，沥青质的含量得有所增加。

原健安在其实验中通过旋转薄膜烘箱进行人工模拟老化加热实验，然后测定了 6 种道路沥青老化前后的蜡含量。他发现道路沥青老化后的蜡含量不仅上升，而且熔点高的蜡含量上升得尤为显著，此外还会拓宽蜡的熔点范围；在老化后增加的蜡是高熔点、结晶型蜡，并且这种蜡的形成是导致老化后性能变差的主要因素。

② 沥青分子结构的改变。通过研究沥青老化前后分子结构的改变，可以从对宏观指标的研究转向微观层面。由于沥青老化过程涉及的物理和化学变化相当复杂，因而从微观层面（如光照、氧化、热量等）研究沥青老化过程中所涉及的具

体反应机理显得尤为重要。

刘忠安利用模拟老化的方法考察了我国道路沥青在老化过程中组成与分子量的变化，研究表明在时间较短、温度较低的条件下老化后沥青的质量有所增加，平均分子量有所升高。在温度较高的条件下，沥青老化后沥青的质量有所减少，并且石油沥青中的胶质转化为沥青质。闫锋在其论文中通过研究两种高等级道路沥青在老化过程中沥青质的变化情况，开展了对沥青老化方面的动力学研究，得出相关的动力学参数，推导出沥青在老化过程中的动力学方程，并且进行了验证，其计算值与实验得到的数据保持一致。水恒福通过对两种不同的石油沥青的老化研究，发现导致沥青抗老化性能较差的原因是石油沥青中各组分结构上的不连续性，并且在老化过程中由于氧的进入生成酮和亚砜等一些含氧的官能团，增加了沥青分子之间的相互作用力，使得沥青各种性能发生显著变化。

虽然国内的研究人员对沥青的老化机理做了大量研究，但还是尚局限在室内实验室阶段，对影响沥青老化因素的认识还不全面，在模拟老化与自然老化之间的关联性方面还有待进一步完善。此外，对于石油沥青老化机理的研究较多，而对于掺加改性剂之后的改性沥青老化机理研究还有些欠缺。所以，急需借助先进的实验分析仪器，采用多种实验方法来探究石油沥青以及改性沥青在老化过程中的行为与机理，为改性沥青在实践中得到更多的应用提供理论依据。

（4）煤沥青甲苯不溶物含量实验　本节对煤沥青采取过筛后掺入的方法，那么煤沥青在不同目数下的成分是否有变化，以及假若有变化，这些变化是否能够影响改性沥青的性能，这些也是我们必须要进行研究的。

煤沥青中的甲苯不溶物是指煤沥青在热甲苯中不发生溶解的物质。这些不溶物的主要成分是某些含有氧、氮、硫等大分子且结构复杂的有机物，以及大量的游离碳和很少的灰分。煤沥青中的这些物质抑制了煤沥青中的黏度，我们相信当此类物质在125℃掺入石油沥青时同样会影响石油沥青的黏度。因此，本实验参照"公路工程沥青及沥青混合料实验规程"的要求进行测定，将不同目数的煤沥青称量后放入碘量瓶中浸泡24h以上，然后在抽滤箱的作用下将碘量瓶中的甲苯溶液通过垫有滤纸的布氏漏斗（碘量瓶中的物质必须经过甲苯反复冲洗直至瓶内无渣滓），然后将滤纸取出，称量其质量，得到的数据如表3-53所示。

表3-53　不同目数煤沥青组分

目数　　组分	<20目	20～40目	40～60目	60～80目	>80目
煤沥青质量/g	3.005	3.0096	3.0040	3.0028	2.9901
甲苯不溶物/%	1.198	1.1725	1.1589	1.1315	1.1083
甲苯不溶物比/%	0.3986689	0.3895867	0.3857856	0.376815	0.3706565

由表3-53可知，随着沥青目数的不断增大，煤沥青中甲苯不溶物的比例逐渐减小；甲苯不溶物的含量越少，则沥青黏度越大，反映到针入度时则为针入度越

小。有关结果正好验证了随着煤沥青目数的不断增大，针入度不断减小的实验结果。

3.5 本章小结

本章基于研究 CRMA 的路用性质，包括针入度、软化点、延度以及原料之间的匹配性能，对 CRMA 的调配工艺进行探索；通过对样品进行同步热分析和族组成含量以及红外光谱的分析，探究沥青改性过程中发生的变化；基于研究混合沥青的路用性质，包括针入度、软化点、延度、抗老化性能以及原料之间的匹配性能，对混合沥青的调配工艺进行探索，综合以上实验结果，得到如下结论。

（1）共处理重质产物的针入度较低，软化点较高，与天然沥青改性剂近似，而且它们的组成中都含有沥青、PA、有机残渣和无机灰分，但其组成分布不完全相同。

（2）高油浆浓度和 Mo 催化剂能促进生成低软化点的重质产物。反应温度的升高倾向于生成更硬的重质产物。经过分析认为，缩聚大分子的增加为重质产物软化点增大的原因。

（3）共处理重质产物中 PA 和残渣的氢含量较低，低于沥青的氢含量，但 PA 和残渣中的羟基含量高于沥青组分的含量。温度的升高可导致重质产物中含氢量下降，H/C 原子比下降。

（4）调配方法、改性剂粒度、调配工艺条件等对改性沥青性质都有重要影响。

（5）同一改性剂对不同基质沥青的改性结果不同，不同条件所制 CSA 对同一基质沥青改性的效果也不同。通过调节反应条件，可形成系列改性剂。因此，以 CSA 用作改性剂时，克服了 TLA 改性剂性质单一的局限。

（6）随着改性剂比例的增加，改性沥青软化点逐渐增高，针入度逐渐降低，说明改性沥青逐渐变硬。薄膜烘箱老化实验老化结果显示：随着改性剂比例的增加，改性沥青的感温性能和抗老化性能得到改善。

（7）共处理重质产物整体改性基质沥青时，组分之间有相互作用。沥青组分能促进 PA 和残渣在基质沥青中的溶解、分散。经过萃取分离的组分，当物理混合改性基质沥青时，不能达到整体的改性效果。薄膜烘箱老化实验后的结果显示：组分改性时，PA 和残渣不及 Asp 组分更能改善基质沥青的抗老化性能和感温性能。说明沥青组分是改性剂中的最关键组分。

（8）温度对改性沥青的老化有明显影响，在 135℃ 、老化 12h 时，改性沥青性质的变化远低于 163℃ 、老化 5h 的变化。

（9）在共处理改性剂制备过程中，随着原料中煤含量的增加，改性沥青性质变硬；而且薄膜烘箱老化实验老化后的结果显示：随着投料中煤含量的增大，更有利于提高基质沥青的感温性能和抗老化性能。

（10）实验结果表明 CR 可对 PA 起到一定的改性作用，主要表现在改善 PA 的高温性能以及 PA 硬度方面。

（11）通过研究搅拌温度对 CRMA 性能的影响可知，CRMA 的软化点和延度均出现最大值，针入度指标出现最小值，峰值均在 190℃附近，表明 CRMA 制备的最优搅拌温度为 190℃。

（12）通过研究 CR 的掺量对 CRMA 性能的影响，结果表明 CR 的加入可以提高 CRMA 的硬度，使高温性能得到改善。但胶粉的加入，使得道路沥青分子间内聚力降低，延度下降十分明显。最终确定通过 CR 调配 CRMA 时，CR 的最佳掺加量为 10%。

（13）通过研究 CR 的粒径大小对 CRMA 性能的影响，结果表明随着 CR 粒径的减小，针入度指标呈下降趋势，软化点呈上升趋势，延度也呈上升趋势。表明 CR 在与 PA 混溶的过程中，相溶性有所增加。本节研究认为 CRMA 调配时，胶粉最佳粒径目数应大于 80 目。

（14）匹配性研究表明在 CRMA 的改性过程中，作为改性剂的 CR 原料对 CRMA 的性能影响较为明显，同一标号的 PA 原料对 CRMA 性能影响不大。

（15）通过本章研究认为，胶粉可以用作道路沥青改性剂，但不是理想的道路沥青改性剂。此外，确定 CRMA 制备工艺为：在 190℃下，加入 10% 的粒径目数大于 80 目的胶粉样品，调配制备 CRMA。

（16）通过对比 CRMA 与 CTPMA 基本性能指标，结果表明煤沥青与石油沥青在结构上的相似性决定了二者相对良好的相溶性，CTP 比 CR 更适合作为道路沥青改性剂。

（17）废胎胶粉 CR-2 自温度为 210℃时开始分解，发生剧烈分解的温度区间为 360~490℃。因此，在制备橡胶沥青的工艺中，搅拌温度不能超过 210℃；否则 CR-2 会发生分解反应。

（18）PA-2 开始分解的温度远远高于 CR-2 开始分解的温度，为 310℃；发生剧烈分解的温度区间为 310~580℃；其在 520℃附近有一个较大的吸热峰，这是因为在该温度下，某些结构单元经过软化、熔融、流动阶段，形成一种特殊的、以三相为一体的胶质体而引起的相变热。

（19）CRMA 的 DSC 曲线在 650℃附近出现了放热峰，而 CR-2 和 PA-2 均没有放热峰出现，表明 CR-2 与 PA-2 在共混过程中很有可能发生了化学变化。

（20）CR-2 的加入提高橡胶沥青的高温稳定性，但同时又降低了橡胶沥青的温度敏感性。

（21）在改性过程中，沥青中分子量小的物质会向分子量大的物质转变，导致的结果为分子量小的组分含量减少，分子量大的组分含量增加。

（22）通过设定理想状态，假定共混过程为物理过程并进行计算，分析各组分变化的阈值，进而的分析表明 CTP-1 与 PA-1 的共混过程不仅仅是物理共混过程，还发生了化学变化。

（23）沥青样品的红外光谱分析表明沥青在改性过程中发生了脱羟基反应、芳香环的聚合反应以及羰基的裂解反应。

（24）在高效率的剪切搅拌的条件下，随着煤沥青加入量的不断增加，煤沥青改性石油沥青的软化点不断升高，针入度在煤沥青掺加量为15％时有一个最大值；而延度则随着煤沥青掺加量的升高而显著降低。

（25）在机械搅拌的条件下我们可以得出，随着煤沥青目数的不断增大，煤沥青改性石油沥青的针入度持续减小，在煤沥青目数大于80目时针入度达到最小值。软化点与延度，在60～80目时达到最大值。

（26）两种搅拌方式的不同对延度的影响最大。通过比较可以看出，在两种搅拌条件下改性沥青延度的差异会随着煤沥青掺入量的不断增加而减小。在20％的掺加量下，采用机械搅拌的延度在大部分情况下，超过了采用剪切搅拌的延度。

（27）通过在对含有1.5％SBS的石油沥青中加入不同目数的煤沥青研究后发现，在SBS改性沥青中掺加煤沥青时，煤沥青的颗粒存在一个最优掺加的现象。当煤沥青粒径为60～80目时，复合改性沥青的延度为最大。

（28）选用60～80目的煤沥青，逐步减少SBS的掺加量后发现，SBS的掺加量同样存在一个最优掺加量。当SBS的掺加量为1.5％时，复合改性沥青的延度最大；当SBS掺加量大于1.5％时，复合改性沥青的延度反而减小。

（29）随着SBS掺加量的不断提高，改性沥青的软化点随之升高。这使得公路在使用过程中的使用寿命提高，石油沥青的高温稳定性得到改善。

（30）随着SBS掺加量的不断提高，改性沥青在3个主要温度下的针入度逐渐降低。当SBS掺加量为2％时，3个主要温度的针入度为最低。

（31）将不同目数的煤沥青加入石油沥青中，然后研究煤沥青改性石油沥青的老化性能，经过实验发现煤沥青粒径的目数越大；煤沥青改性石油沥青粒径的软化点差越来越小，针入度比越来越大且都是在煤沥青粒径目数为60～80目时达到极值。表明煤沥青改性石油沥青的抗老化性能，在煤沥青颗粒径为60～80目时为最好。

（32）通过测量不同目数的煤沥青中甲苯不溶物的含量，发现煤沥青粒径的目数越大，其中含有的甲苯不溶物含量越小；而煤沥青中的甲苯不溶物含量越小，相应黏度越大，在三大指标中的针入度则越小。我们有理由相信在125℃掺入石油沥青中时，也会产生类似的影响。因此，这正好验证了随着煤沥青掺入粒径目数的不断增大，煤沥青改性石油沥青针入度不断减小的事实。

（33）煤沥青是一种组成十分复杂的聚合物，其结构难于研究。但通过宏观实验结果，表明煤沥青可以对石油沥青起到改性作用。混合沥青的性能随着煤沥青加入条件的改变呈一定的变化规律。

（34）通过研究煤沥青的添加比例对CTPMA性能的影响，结果表明煤沥青的加入可以提高CTPMA的硬度以及黏稠度，使高温性能得到改善。在不同煤沥青含量下的 CTPMA 性能指标之间也存在一定的差异，最终确定通过煤沥青调配混合沥青时的最佳掺加量为 15%。

（35）通过研究煤沥青的粒径大小对 CTPMA 性能的影响，结果表明随着煤沥青粒径的减小，针入度指标先减小后略有增加；软化点指标和延度指标均为先增大后减小的趋势，最小值和最大值均是在煤沥青粒径为 60～80 目的实验条件下出现的。因此，当混合沥青进行调配时，煤沥青最佳粒径范围为 60～80 目。

（36）通过研究搅拌温度对 CTPMA 性能的影响，结果表明随着搅拌温度的升高，由于煤沥青和石油沥青的分子受热发生链断裂，重新组合形成新的胶体，使得 CTPMA 的性能趋于优化；当温度为 125℃ 时达到最优，随后温度继续升高，小分子物质挥发，又出现下降的趋势，最佳搅拌温度为 125℃。

（37）通过研究搅拌方式对 CTPMA 性能的影响，结果表明在剪切搅拌条件下，原料在剪切头附近形成的真空内高速运动，剧烈碰撞，形成分子量更小的物质，使得混合沥青更加均一，所得到的混合沥青性能优于采用机械搅拌方式。因此，搅拌方式应选择剪切搅拌方式。

（38）通过 PA 与 CTPMA 的抗老化实验，结果表明煤沥青的加入可以提高混合沥青的抗老化性能。

（39）匹配性研究表明同一标号的原料由于产地的差异，会对混合沥青的性能产生影响，甚至产生较大的影响。

（40）通过本节研究，可以认为煤沥青可以用作道路沥青改性剂，并确定混合沥青制备工艺为在剪切搅拌 125℃ 的条件下，加入 15% 的粒径为 60～80 目的煤沥青样品，以调配制备混合沥青。

4 煤沥青改性石油沥青的路用性能评价

　　沥青的路用性能与其化学组成有着很大关系，又因为石油沥青属于一个胶体分散体系。因此，沥青的理化性质和路用性能主要取决于沥青的胶体体系性质。而随着煤沥青融入石油沥青中势必会改变原来的胶体结构体系，从而对煤沥青改性石油沥青的路用性能造成影响。如第 1 章 1.1.2 节所述，书中提到的液化沥青由于是煤与催化裂化油浆（FCCS）共处理反应所得的重质产物，故液化沥青有时也被称为共处理重质产物（CSA）。本章对液化沥青改性石油沥青的路用性能进行评价，通过不同的表征方法进行改性沥青感温性能、高温性能、低温抗裂性能及抗老化性能方面的研究，考察共处理重质产物的改性效果。

4.1　液化沥青改性石油沥青性能评价

　　研究表明，煤和催化裂化油浆（FCCS）在特定条件下的共处理重质产物 CSA，与 TLA 在物理化学组成上有一定程度的相似性，可作为助剂对道路沥青进行改性，而且 CSA 有类似于 TLA 的改性作用，能改善石油沥青的感温性能和抗老化性能。但其改性效果是否与 TLA 改性沥青近似的路面性能相近，还需要进一步分析，而且随着有关沥青和路面科学技术的进一步发展，世界各国对应用于高等级路面的沥青或改性沥青也有了进一步的评价方法。例如，美国于 1987 年提出了 SHRP 方法（strategic highway research program，SHRP）用于评价沥青的路用性能；英、美等国家还针对 TLA 改性沥青提出了专用的 TLA 改性沥青标准。

　　通过对 TLA 的化学组成和流变性能的研究发现，TLA 中的沥青质含量要明显高于其他石油沥青；而极性芳香分和萘系芳香分的含量接近，TLA 表现出较高的复数模量和较低的相位角。同时还发现，TLA 中的无机质（主要是高岭土）对 TLA 的化学性质起着重要的作用。由于 TLA 的上述特性对石油沥青的改性效果起到显著的改善作用，因此基于 TLA 改性沥青的路用性能评价体系获得了一套现行的改性效果评价标准。

本章采用 SHRP 方法评价了 CSA 改性沥青，该标准是由美国战略公路研究计划建立的、能够反映高等级道路沥青的流变性能随着温度、载荷、时间变化的指标和实验方法，也是将沥青物理性质与路用性能直接相关联的方法。该方法能够模拟混合料拌和老化性能（旋转薄膜烘箱 RTFOT），分析路面使用 3～5 年（PAV 老化）的老化状况。

CSA 改性沥青的评价标准采用针对 TLA 改性沥青的美国 ASTM 标准（ASTM D5710）和英国 BSI 标准（BS 3690），有关针入度、软化点、延度、闪点、溶解度测定以及薄膜烘箱加热实验方法内容请见第 2 章。

混合料实验块采用 AC-16I 混合料级配中值，沥青与石料质量比为 5：100，参照我国行业标准《公路改性沥青路面施工技术规范》JTG F40—2004 规定的评价指标标准；马歇尔稳定度、流值、动稳定度、极限拉伸应变实验和冻融劈裂实验等测试方法，分别采用 JTJ 052-2000 中指定的实验规程 T0709、T0719、T0715 和 T0729。

其中，改性沥青储存稳定性研究参照 JTG F40—2004 规定的 SBS 类（Ⅰ类）改性沥青的离析实验方法（T0661-2000）和要求，即直径 25mm、高 200mm 的盛样管竖立于 163℃烘箱中，静置无扰动 48h 后测定上、下层软化点，其差值以小于 2.5℃为满足标准。

4.2 结果与讨论

4.2.1 改性沥青 SHRP 评价及其对比

4.2.1.1 改性沥青 SHRP 评价表征

依照 SHRP 方法，评价了经共处理改性剂改性后的样品 90CSA5 和 110CSA2。其中，改性剂质量占总改性沥青质量的 25%，相关评价结果分别见表 4-1 和表 4-2。

表 4-1　90CSA5 的 SHRP 评价结果

类别	结果	标准
新样品		
黏度(135℃)/mPa·s	384	＜3000
闪点/℃	＞230	＞230

类别		结果	标准
新样品			
$(G^*/Sin\delta)$/kPa	70℃	1.16	≥1.00
	76℃	0.597	
RTFOT 残渣			
质量损失/%		0.194	≤1.0
$(G^*/Sin\delta)$/kPa	70℃	4.04	≥2.20
	76℃		
PAV 残渣			
$(G^*/Sin\delta)$/kPa	25℃	2620	≤5000
	28℃	1730	
蠕变模量/MPa	−12℃	285	≤300.0
	−18℃	487	
M 值	−12℃	0.309	≥0.300
	−18℃	0.259	

注：RTFOT 为旋转薄膜烘箱实验；PAV 为压力老化容器。

表 4-2 110CSA2 的 SHRP 评价结果

类别		结果	标准
新样品			
黏度(135℃)/mPa·s		236	<3000
闪点/℃		>230	>230
$(G^*/Sin\delta)$/kPa	70℃	1.10	≥1.00
	76℃	0.581	
RTFOT 残渣			
质量损失/%		0.475	≤1.0
$(G^*/Sin\delta)$/kPa	70℃	4.6	≥2.20
	76℃	—	
PAV 残渣			
$(G^*/Sin\delta)$/kPa	25℃	1910	≤5000
	28℃	1320	
蠕变模量/MPa	−12℃	226	≤300.0
	−18℃	426	
M 值	−12℃	0.330	≥0.300
	−18℃	0.274	

注：RTFOT 为旋转薄膜烘箱实验；PAV 为压力老化容器。

其中，$G^*/Sin\delta$ 为动力剪切，为通过动态剪切流变仪在一定条件下测定试样的变形并通过计算得到沥青的动态剪切模量和相位角，在高温（52～70℃）时反映沥青在该温度的抗车辙能力，在低温（7～25℃）时反映沥青在该温度的抗疲劳性能。蠕变劲度分析是通过弯曲梁流变仪在一定条件下，测定试样在低温下的应力、应变随着时间的变化，主要表征沥青低温抗开裂性能。M 值为计算值，反映沥青低温开裂能力。

由表 4-1 可知，90CSA5 满足的性能等级（performance grade，简称 PG）为 PG70-22 性能等级，即该改性沥青适合铺筑在高温为 70℃ 、低温为 −22℃ 的地区，该改性沥青的塑性温度区间为 92℃。需要说明的是，原基质沥青的性能等级为 PG64-22，塑性温度区间为 86℃，即改性剂加入后，改变原基质沥青的性能等级。由于 SHRP 评价最终指导的是沥青铺路，因此沥青改性后的应用范围变宽了，这就说明 CSA 可以改变石油沥青的分级，扩大单一标号石油沥青的使用范围。

同样由表 4-2 可知，110CSA2 满足 PG64-22 性能，即该改性沥青适合铺筑在高温为 64℃、低温为 −22℃ 的地区。该改性沥青的塑性温度区间为 86℃，明显改变了原基质沥青 PG58-22 的塑性温度区间 80℃，同样说明 CSA 可以改变石油沥青的分级，扩大单一标号石油沥青的使用范围。

由于 SHRP 评价采用了性能分级，而且模拟沥青铺路过程中混合料拌和老化以及路面使用 3～5 年后的老化状况，因此更能反映沥青真实的路用性能。SHRP 评价结果表明，共处理重质产物 CSA 对选择的基质沥青滨州 90# 沥青和滨州 110# 沥青有明显的改善性能，提高了原沥青的塑性温度区间，扩大了沥青的应用范围。

4.2.1.2　美国 ASTM 标准 D5710 以及参照该标准的评价结果

D5710 是美国 ASTM 标准系列中专用于评价 TLA 改性沥青的标准，D5710-95 经过 1995 年的审定和 2001 年的再次审定，其中包含 4 个针入度级标准：40～55；60～75；80～100；120～150。改性沥青的级别受到改性剂和基质沥青的性质和用量的影响。在本节调制的改性沥青中，改性剂质量占总改性沥青质量的 20%。为方便对比，在同样条件下调制了 TLA 改性沥青，相关结果见表 4-3 和表 4-4。其中，表 4-3 为 ASTM D5710-95 标准中有关 40～55 针入度级别的指标要求以及对样品的相关测定结果。

表 4-3　满足美国 ASTM D5710-95 标准 40～55 针入度级别指标要求的不同改性沥青

类别 指标	最小值	最大值	90CSA9	90CSA2	90CSA15	90TLA	基质沥青
针入度(25℃)/0.1mm	40	55	44	43	55	41	95
黏度(135℃)/Pa·s	385		—	—	—	—	—
延度(25℃)/cm	100		>150	100	>150	>150	>150
闪点/℃	232		>240	>240	>240	>240	>230
氯化氢溶解/%	77	90	87.0	94.0	89.5	91.0	>99.5
经过薄膜烘箱后							
针入度比/%	55		82	79	69	63	60
延度(25℃)/cm	50		144	70	107	100	>150
无机物(灰分)/%	7.5	19.5	—	—	—	—	—

对照有关标准可以看出，添加质量分数为 20% 的不同 CSA 和 TLA 的改性沥青均满足 ASTM D5710 标准中 40～55 针入度级别要求，结果表明 CSA 和 TLA 对石油沥青均有较好的改性效果，而且可以看出 CSA9 的改性效果与 TLA 的改

性效果相当。CSA9 的加入使针入度降低了 51 个单位，而 TLA 降低了 54 个单位。值得指出的是，尽管针入度有大幅度降低，改性沥青的黏弹性仍然很好，表现为改性沥青仍然具有较好的延度，90CSA9 和 90TLA 改性沥青 25℃延度均大于 150cm。

基质沥青经薄膜烘箱老化后残余针入度比为 60，经改性后明显升高的残余针入度比（90CSA9 改性沥青为 82，90TLA 改性沥青为 63）表明改性剂的添加，对基质沥青感温性能有明显改善，而且老化后 90CSA9 改性沥青比 90TLA 有更高的延度和针入度比。说明 90CSA9 改性沥青有更好的抗老化性能和黏弹性能。90CSA15 改性沥青也有非常高的延度，说明改性沥青的流变性能好，而且在薄膜烘箱老化实验老化后也有比 TLA 改性沥青高的延度和针入度比，说明 90CSA15 改性沥青也有比 90TLA 更好的抗老化性能和黏弹性能。但该改性沥青的针入度较大，高于 90TLA 改性沥青。90CSA2 主要是在延度方面低于其他改性沥青，而且老化后其延度也低于其他改性沥青，可能该改性沥青的流变性能相对较差，但也能满足标准要求。

表 4-4   与美国 ASTMD 5710-95 标准 60-75 针入度级别指标要求的改性沥青

类别 指标	最小值	最大值	90CSA11
针入度(25℃)/0.1mm	60	75	58
黏度(135℃)/Pa·s	275		—
延度(25℃)/cm	100		>150
闪点/℃	232		>240
氯化氢溶解/%	77	90	88.4
经过薄膜烘箱后			
针入度比/%	52		67
延度(25℃)/cm	50		93
无机物(灰分)/%	7.5	19.5	—

对 90CSA11 改性沥青进行评价后发现，其不能满足 ASTM D5710 标准中 40～55 针入度级别要求，但指标却接近或符合 ASTM D5710 标准中 60～75 针入度级别要求。CSA 的加入使基质沥青的针入度降低，使沥青变硬，但仍然有高的延度，说明有好的流变性。经改性后明显升高的残余针入度比（90CSA11 改性沥青为 67）表明改性剂的添加，对基质沥青感温性能有明显改善，而且老化后这两种改性沥青均比 90TLA 有更高的针入度比，说明这两种改性沥青有比 TLA 改性沥青更好的抗老化性能和感温性能。

通过上面分析可知，不同改性剂制得的改性沥青有不同的性能。由于使用相同的改性条件，所以改性沥青性质的不同主要由改性剂的不同所引起，而改性剂是可控的。这些改性剂改性沥青后能够满足美国 TLA 改性石油沥青标准指标，而且由于改性剂的可控性，有可能满足按照路面的要求而提供不同性质改性剂的需要。从此角度看，共处理改性剂具有比 TLA 改性剂应用更广阔的前景。

4.2.1.3 英国 BSI 标准 BS 3690 以及参照该标准的评价结果

BS 3690 是英国 BSI 标准系列中用于评价建筑和土建工程沥青的标准。该标准包括 3 个部分，其中 BS 3690：Part3：1990 是专用于石油沥青与焦油、煤沥青和特立尼达湖沥青（TLA）混合物的标准。对 TLA 改性沥青的标准分为 3 个针入度级别：35pen（35±7）；50pen（50±10）和 70pen（70±10）。本节对同样条件下制得的改性沥青 90CSA 和 90TLA（改性剂占 20%，采用调配方法 2）进行了该标准的评价工作，相关结果见表 4-5。

表 4-5　与英国 BS 3690 标准 50pen 针入度级别指标要求的对比

指标 \ 类别	等级（50pen）		90CSA9	90TLA	90CSA15	90CSA11
	最小值	最大值				
针入度(25℃)/0.1mm	40	60	44	41	55	58
软化点/℃	47	58	49	51	49	49
163℃加热 5h 的损失						
(a)质量损失/%		0.5	0.26	0.42	0.24	0.24
(b)针入度下降/%		20	18	37	31	33
氯化氢溶解/%	75	79	87	91	89.5	88.4
灰分组成/%	16	19	—	—	—	—

由表 4-5 可知，英国家标准中主要增加了软化点指标和蒸发损失指标，而老化后针入度比的下降指标可与美国家标准中的针入度比相对应。对照 50pen 级别的主要指标（25℃针入度、针入度降低、软化点和蒸发损失）要求，不同 CSA 的加入使基质沥青的软化点升高约 5℃，TLA 升高约 7℃，都能满足 50pen 的标准；同样，针入度和蒸发损失也能满足 50pen 级别的要求。但不同的是，CSA 改性沥青的蒸发损失更低，更有利于满足铺路时安全环保的要求。

可以看到，只有 90CSA9 改性沥青的针入度降低值符合 50pen 级别的要求，而其余改性沥青，包括 90TLA 改性沥青的针入度降低值都超出规定范围和要求。由于针入度降低在一定程度上反映了改性沥青的感温性和抗老化性，因此该数据表明，90CSA9 改性沥青的感温性和抗老化性好于 90TLA 改性沥青。说明 CSA9 是性能优良的改性剂，能取代或超过 TLA 改性剂的性能。从前面讨论可知，CSA9 是温和条件下加氢性能相对较好的共处理反应重质产物。因此，最好的改性剂是共处理反应适度加氢，以达到煤结构与油浆结构的适度接枝交联，改性剂中既有油浆结构，又包含煤的单元。油浆由于与基质沥青都衍生于石油，该结构的引入有利于促进改性剂的分散，有利于促进改性剂在基质沥青中的溶解。而煤结构中包含多芳香结构，芳香结构能够改善基质沥青的感温性能和黏附性能。所以，多煤油浆结构的适度交联是优质道路沥青改性剂的关键技术，这就是煤油共处理工艺不同于常规煤直接液化技术的原因。

通过前面对 90CSA9、90CSA11、90CSA15 等改性沥青性质的分析，以及将与美国、英国制定的 TLA 改性沥青标准进行比较，显示这些改性沥青满足或近似满足美国 ASTM D5710 和英国 BS3690 标准，可应用于高等级公路建设。比较这些改性剂的差别，CSA9（1：1/Mo/1h/400℃/H_2）为最优的改性剂，改性后性能优于 TLA 改性沥青。CSA11（1：1/—/1h/400℃/H_2）为无催化剂条件下的共处理产物，CSA15（1：1/Fe/3h/400℃/H_2）是反应 3h 的重质产物，都可应用于高等级公路建设。但是，CSA15 的反应时间相对较长，这样相对增加了改性剂成本，并不是煤油浆共处理重质产物利用的最佳工艺条件。

4.2.2 混合料实验评价表征

沥青在铺路时最主要的性质是与石料接触时要有高的黏附性。根据文献，黏附性好的沥青能使集料相互嵌挤，发生互锁作用，从而将集料形成骨架。黏附性的好坏直接影响沥青在路面的使用情况。混合料实验就是直接将沥青与集料混合制成混合料试件进行实验，通过模拟沥青在路面的使用情况，并通过相关实验测试沥青的高温抗车辙能力、低温抗开裂能力，以及抗水损害的能力。该评价更能反映沥青在路面的使用情况。

在对同样条件下制得的改性沥青 90CSA9 和 90TLA（改性剂占 20%，采用调配方法 2）进行了混合料评价，采用高等级公路设计中的 AC-16-Ⅰ型石料级配，沥青质量约占 5%，其余为石料或矿料。石料为抗滑玄武岩，是由不同大小的颗粒组成的，其粒径符合表 4-6 的粒径分布，具体比例是指矿料通过方孔筛不同筛孔直径的质量百分数。

表 4-6　混合料中矿料的尺寸

粒径/mm	0.075	0.15	0.3	0.6	1.18	2.36
比例/%	4-8	7-15	11-21	16-28	22-37	32-50
粒径/mm	4.75	9.5	13.2	16.0	19.0	—
比例/%	42-63	58-78	75-90	95-100	100	—

90CSA9 和 90TLA 改性沥青的混合料评价结果以及中国 JTG F40—2004 对混合料指标的标准见表 4-7。

表 4-7　90CSA9 和 90TLA 改性沥青的混合料评价结果以及
中国 JTG F40—2004 对混合料指标的标准

指标 ＼ 类别	90CSA9	90TLA	规范(JTG F40—2004)
稳定性/kN	8.9	—	≥7.5
高温稳定性(60℃,0.7MPa)/mm	2500～3500	3100	≥2400(夏季温度范围>30℃)

指标 类别	90CSA9	90TLA	规范(JTG F40—2004)
低温稳定性 (−10℃,50mm/min)/mm	4000	3100	≥3000 (冬季温度范围<−37℃)
抗拉强度比/%	95	99	≥80 (年降雨量>1000mm)

由表 4-7 可知，马歇尔稳定度和流量值均满足要求。一般而言，马歇尔稳定度和流量值可用于沥青混合料配合比设计及施工质量检验，属于施工指标，满足标准要求即可。在马歇尔稳定度和流值均满足要求的条件下，改性沥青混合料具有较高的动稳定度。动稳定度反映沥青的高温性能，表示沥青的抗车辙能力。改性沥青混合料具有较高的动稳定度，说明该沥青好的高温性能。此外可以看到，改性沥青混合料具有较高的极限拉伸应变，说明好的低温性能；而且 90CSA 改性沥青混合料有比 90TLA 更高的弯曲性能极限拉伸应变值，说明共处理改性沥青 90CSA9 有更加优良的低温抗裂性能。另外，对改性沥青的抗水损坏进行了分析和评价。可以看到，两种改性沥青都有较高的残留劈裂强度比，说明较好的抗水损坏性能，而且这些指标全部满足我国交通部颁布的 JTG F40—2004 标准中有关在气候恶劣条件下（夏炎热区温度>30℃；冬严寒区温度<−37.0℃）的指标要求。

现将优选的共处理改性剂 CSA9 和 TLA 调制的改性沥青结果见表 4-8。其中，基质沥青仍为滨州 90# 沥青，CSA9 的加入量为 20%，TLA 的加入量为 25%。

表 4-8　改性沥青分析结果

类别 指标	ASTM D5710		JTG F40-2004		90CSA9 (20:80)	90TLA (25:75)	基质 沥青
	最小值	最大值	最小值	最大值			
软化点/℃					50.3	51.1	44.7
针入度(25℃)/0.1mm	40	55	40	60	45	42	95
黏度(135℃)/Pa·s	385				650	610	
延度(25℃)/cm	100				>150	>100	>150
延度(25℃)/cm					122	52	>150
闪点/℃	232				>232	>232	>232
氯化氢溶解度/%	77	90	77	90	89.2	85.1	99.9
经过薄膜烘箱后							
软化点/℃					54.2	56.0	48.9
针入度(25℃)/0.1mm					35	31	57
针入度比/%	55	55			78	73	60
延度(25℃)/cm	50				128	72	>150
质量损失/%					0.15	0.31	0.10

从表 4-8 可以看到，共处理改性沥青 90CSA9 和天然沥青改性沥青 90TLA 都能满足美国 ASTM D5710 标准和我国交通部 JTG F40—2004 标准；而且从性质方面分析，共处理改性沥青 90CSA9 在 15℃时延度、老化后针入度比及老化后延度等指标上均优于天然沥青改性沥青 90TLA。这一结果与上节的结果一致，说明共

处理改性剂 CSA9 有好的改性性能。

　　同样对调制的共处理改性沥青 90CSA9 和 TLA 改性沥青 90TLA 进行了混合料评价，同样采用 AC16-Ⅰ级配；同时，对沥青混合料受水损害时稳定度的降低程度，即马歇尔残留稳定度进行了实验分析，相关结果见表 4-9。

表 4-9　AC16-I 混合料分析结果

指标 \ 类别	90CSA9	90TLA	规范 (JTG F40—2004)
稳定性/kN	12.2	12.7	＞7.5kN
高温稳定性(60℃,0.7MPa) /mm	4092	4233	≥2800 (夏季温度范围＞30℃)
低温稳定性 (－10℃,50mm/min)/mm	2580	2597	≥2500 (冬季温度范围＞－21.5℃)
抗拉强度比/%	86.0	84.8	＞80

　　同样地，在马歇尔稳定度均满足要求的条件下，改性沥青混合料具有较高的动稳定度、较高的极限拉伸应变和较高的残留劈裂强度比。说明改性沥青具有好的高温性能、低温性能和抗水损坏性能，完全能满足我国交通部有关公路改性沥青路面施工技术规范的要求。虽然数据值有差异，这可能与混合料制作过程或与石料的差异有关。但同样条件下制得的 90CSA9 与 90TLA 具有可比性，在同样条件下制得的改性沥青混合料也具有可比性。从表 4-9 可知，90CSA9 与 90TLA 的混合料结果非常近似，说明 CSA9 改性剂有可能代替 TLA 改性剂应用在高等级公路建设中。

　　与马歇尔残留稳定度实验有关的结果（表 4-10）也表明：90CSA9 和 90TLA 有非常近似的性能，而且它们都满足我国交通部的部颁要求。

表 4-10　马歇尔残留稳定度实验结果

类别 \ 条件	稳定性 (60℃,30min)/kN	稳定性 (60℃,48h)/kN	保留稳定比/%	稳定性和保留稳定比的标准值
90CSA9	12.2	11.3	93.4	＞80
90TLA	12.7	11.5	90.6	＞80

4.2.2.1　储存稳定性评价

　　TLA 改性剂优于聚合物改性剂的一个重要性质就是与基质沥青的互溶性好，易于储存，不分层。共处理改性剂 CSA9 与 TLA 改性基质沥青后的性质基本相似，但以其改性沥青后的储存稳定性也是影响将来应用的重要因素。因此，又对 CSA9 改性沥青储存稳定性进行了分析。本节对 CSA 改性沥青的稳定性评价时采用聚合物改性沥青的离析实验方法，同时也考察了 TLA 改性沥青的稳定性，相关结果在表 4-11 中列出。

表 4-11　改性沥青储存稳定性实验结果

类别　指标	软化点/℃	软化点/℃	软化点变化/℃
90TLA	50.0	51.3	1.3
90CSA9	50.3	51.0	0.7

由表 4-11 可知，在 163℃的烘箱里，静置 48h 后，90CSA9 改性沥青下层比上层软化点高 0.7℃；而 90TLA 改性沥青下层比上层软化点高 1.3℃。参照 JTG F40—2004 标准对 SBS 类（Ⅰ类）改性沥青的离析实验指标要求（软化点差＜2.5℃），90CSA9 和 90TLA 改性沥青均满足储存稳定性的要求；而且 90CSA9 改性沥青的软化点差值低于 90TLA 改性沥青。说明 90CSA9 改性沥青的储存稳定性好于 90TLA，也说明 CSA9 的改性沥青同样易于储存，基本不分层。分析 CSA9 改性沥青稳定性好的原因，与改性剂 CSA9 化学结构有关，它不同于聚合物的单一结构，是由许多不同的分子组成，其组分中沥青组分完全能与基质石油沥青互溶；而 PA 和残渣中含有油浆的结构，油浆又衍生于石油。因此，PA 和残渣的结构中就包含石油的一些结构，这样它们就能与基质沥青发生相互作用，甚至部分互溶，从而利于其在基质沥青中的分散。聚合物正是由于缺少石油的结构，因而造成聚合物与基质沥青的相互作用较小，从而不能稳定储存。

4.2.2.2　改性后沥青的感温性

沥青的感温性也称温度敏感性，是指沥青的性质受温度变化的影响程度。评价沥青感温性指标有：针入度指数 PI、针入度黏度指数 PVN 及黏温指数 VTS 等。本节将采用针入度指数 PI 以评价改性沥青的感温性能。

针入度指数 PI 是由费弗（Pfeiffer）和范杜马尔（Van Doormaal）在 1936 年通过大量的沥青实验，将不同温度下的沥青针入度点在对数坐标上，而得出沥青针入度（对数）温度的直线关系：

$$\lg P = k + AT \tag{4-1}$$

式中　P——沥青针入度，0.1mm；

　　　k——截距（回归参数）；

　　　A——斜率（回归参数，即针入度温度系数）；

　　　T——实验温度，℃。

经实验证明，对于含蜡量较少的沥青，假定在沥青软化点（T_1）温度下，大部分沥青的针入度为 800，故采用 25℃针入度 P 及沥青软化点（T_1）温度。

$$A \times T_1 = \frac{\lg 800 - \lg P}{T_1 - 25} \tag{4-2}$$

$$\frac{P}{T} = \frac{30}{1 + 50 \times A \times T} - 10 \tag{4-3}$$

此外，通过实验证明，大部分沥青在 Fraass（弗拉斯）脆点时的针入度约为

1.2，故也可以采用 25℃ 针入度 P 和 Fraass 脆点 T_{F_R} 计算 P_{IF_R}。

$$A \times T_1 = \frac{\lg P - \lg 1.2}{25 - T_{F_R}} \tag{4-4}$$

$$P_{IF_R} = \frac{30}{1 + 50 \times A \times T_{F_R}} - 10 \tag{4-5}$$

但对于蜡含量较多的沥青，不仅沥青软化点（T_1）时的针入度不一定是 800，而且在 Fraass 脆点温度时针入度也不一定是 1.2。因此，采用以上两种计算方法不适于蜡含量较多的沥青。

根据我国"七五"科技攻关的研究成果，并在"八五"科技攻关期间得到进一步证实，尤其是对我国大量使用多蜡沥青的情况而言，P_i 应由针入度温度图的斜率得到。

由于沥青的针入度对数与温度有良好的直线关系，通常采用温度 15℃、25℃、30℃ 和所对应的针入度建立回归直线，其斜率即针入度温度系数 A，可按最小二乘法求取，具体公式为：

$$A = \frac{\sum (T_i^* \lg P_i) - (\sum \lg P_i)/n}{\sum (T_i^2) - (\sum T_i)^2/n} \tag{4-6}$$

最后，按下式求取 $\lg P_i$：

$$\lg P_i = \frac{(20 - 500A)}{(1 + 50A)} \tag{4-7}$$

本实验针入度指数以 15℃、25℃ 和 30℃ 不同温度下的针入度作为实验温度。其中，在 3 个不同温度下，3 种沥青的针入度见表 4-12。

表 4-12 沥青改性前后针入度

项目	类别	基质沥青	15%煤沥青混合沥青	30%煤沥青混合沥青
针入度 P	15℃	27	22	19
	25℃	67	52	45
	30℃	98	83	73
截距 k		0.872	0.766	0.694
斜率 A		0.0376	0.0383	0.0386
相关系数 R^2		0.996	0.999	0.998
针入度指数 PI		0.411	0.294	0.212

注：表中针入度 P（0.1mm）的实验条件为 100g、5s。

将表 4-12 中数据依照针入度对数与温度的直线关系，按式 $\lg P = k + AT$ 进行一元一次线性方程的回归，相关结果如图 4-1～图 4-3 所示。

将其针入度指数代入式（4-8）计算：

$$P_i \times \lg P = \frac{20 - (500 \times A)}{1 + (50 \times A)} \tag{4-8}$$

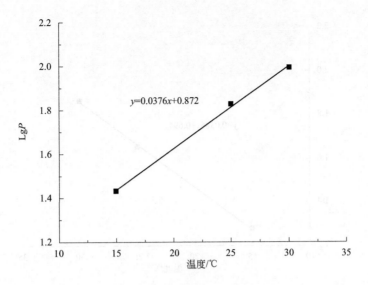

图 4-1　胜华 70$^{\#}$ 沥青针入度对数与指数关系

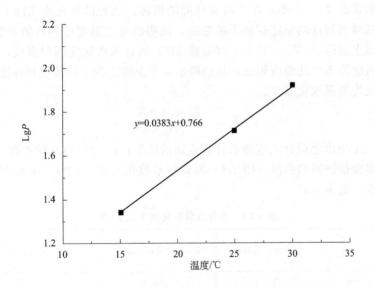

图 4-2　15％煤沥青混合沥青针入度对数与指数关系

从回归的效果来看，基质沥青的 PI 值为 0.411，煤沥青加入后混合沥青体系的 PI 值有所降低。煤沥青本身对温度比较敏感，但总体来看混合沥青的感温性能变化不大。

4.2.2.3　改性后沥青的高温稳定性

沥青高温稳定性包括当量软化点和车辙因子。

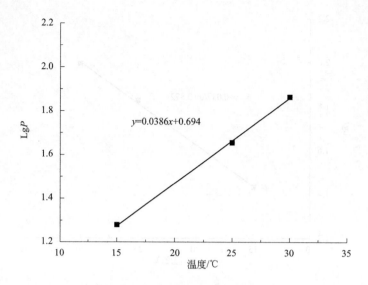

图 4-3　30%煤沥青混合沥青针入度对数与指数关系

当量软化点 T_{800} 是衡量沥青高温性能的指标。沥青的软化点实际上是等黏温度，沥青试样在钢球的恒定荷载下被穿透，说明沥青的黏度达到所能承受的极限。通过 3 个以上温度（15℃、25℃、30℃或 5℃）的针入度建立回归直线，延长这条直线与针入度为 800 的曲线相交，从而得出一个温度。为了与传统环球法软化点相区分，称之为当量软化点 T_{800}。

$$T_{800} = \frac{2.9031 - K}{A \lg p} \tag{4-9}$$

式中，A 为由之前针入度指数计算可知的结果；K 为回归方程系数。

将本实验根据回归曲线（图 4-4）得到的系数代入式（4-9），由此求出沥青的当量软化点，见表 4-13。

表 4-13　沥青当量软化点 T_{800} 结果

类别 指标	基质石油沥青	15%煤沥青混合沥青	30%煤沥青混合沥青
针入度/0.1mm	67	51	45
T_{800}/℃	54	55.8	57.2
软化点/℃	52.8	53.1	54.3

由表 4-13 可知，随着煤沥青加入量的增加，混合沥青的当量软化点有所提高，进一步证明煤沥青能够提高混合沥青体系高温性能。

可根据 SHRP 中动态剪切流变实验（DSR）评价沥青的高温性能，该规范定义 $G^*/\sin\delta$ 为车辙因子，其值越大，表示沥青的弹性性质越显著。G^* 相当于沥青的劲度模量，它包括弹性和黏性两部分，δ 为弹性系数和黏性系数相对指标；$G^*/\sin\delta$ 数值越大，表明沥青的高温抗永久变形能力越好。

本实验高温稳定性采用 SHRP 中动态剪切流变实验（DSR）的车辙因子 $G^*/\sin\delta$ 进行表征，实验结果见表 4-14。

表 4-14　沥青车辙因子 $G^*/\sin\delta$ 实验结果

指标	类别	胜华 70# 沥青	15%煤沥青混合沥青	30%煤沥青混合沥青
$(G^*/\sin\delta)$/kPa	58℃	2.95	3.30	5.93
	64℃	1.59	1.86	2.23
	70℃	0.598	0.647	0.925
最终温度		66.1	66.7	69.5
标准要求		≥1.0kPa		

沥青 $G^*/\sin\delta$ 值随着温度升高而降低，说明沥青的高温性能随着温度的升高逐渐变差；相位角 δ 随着温度的升高而变大，则说明升高温度使沥青中弹性成分降低，黏性成分增加。对比混合沥青与基质沥青的 $G^*/\sin\delta$，由图 4-4 分析可知，随着煤沥青含量的增加，对混合沥青的高温性能有所改善，提高了混合沥青体系的抗永久变形能力，但未能提高沥青的 PG 等级。

综上所述，T_{800} 和 $G^*/\sin\delta$ 实验结果表明，随着煤沥青加入量的增加，有利于提高混合沥青体系的高温性能。

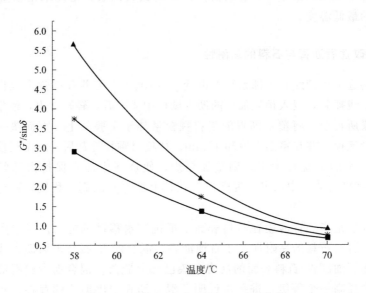

图 4-4　沥青车辙因子 $G^*/\sin\delta$-温度曲线

▲—30%煤沥青混合沥青；*—15%煤沥青混合沥青；■—胜华 70# 沥青

4.2.2.4　改性后沥青的低温性能

目前用于评价沥青低温性能的指标很多，如脆点、当量脆点等。由于我国沥青含蜡量较高，其脆点虽低，但冬天开裂情况仍相当严重，因此失去了评价沥青低温抗裂性能的作用。而对于当量脆点 $T_{1.2}$，一方面能解决由于沥青含蜡量高时脆点偏离回归曲线的问题；另一方面经研究表明，它与 SHRP 的低温性能指标弯曲蠕变模量及直接拉伸实验的破坏应变有良好的相关关系。

当量脆点 $T_{1.2}$ 是利用当量软化点的原理，假设沥青在弗拉斯脆点时的针入度为 1.2 时，由沥青的对数针入度温度回归直线方程求取针入度为 1.2 时的温度。为了区别传统的脆点，故称之为当量脆点 $T_{1.2}$。

$$T_{1.2} = \frac{0.0792 - K}{A \lg p} \tag{4-10}$$

式中，A 为由之前针入度指数计算可知的结果；K 为回归方程系数。

当量脆点 $T_{1.2}$ 采用按式 $\lg P = AT + K$ 进行一元一次线性方程的回归（图 4-1、图 4-2），求出回归系数 A、K，代入式（4-10），求得 $T_{1.2}$，见表 4-15。

表 4-15　沥青当量脆点 $T_{1.2}$ 计算结果

指标 ＼ 类别	基质石油沥青	15％煤沥青混合沥青	30％煤沥青混合沥青
$T_{1.2}$/℃	−21.09	−17.93	−15.93

根据每个等级的最小 PI 要求值，并查询相关图表，由此求出当量脆点 $T_{1.2}$ 规定要求的最低温度。

4.2.2.5　改性后沥青与石料的黏附性

将集料逐个用细线在中部系牢，再置于（105±5）℃烘箱，逐个取出加热的矿料颗粒；用线提起，浸入预先加热的沥青试样中 45s 后，轻轻拿出，使集料颗粒完全为沥青膜所覆盖。将覆盖沥青的集料颗粒悬挂于实验架上，下面垫一张纸，使多余的沥青流掉，并在室温下冷却 15min，待集料颗粒冷却后，逐个用线提起；浸入盛有煮沸水的大烧杯中央，调整加热炉，使烧杯中的水保持微沸状态。浸煮 3min 后，将集料从水中取出，观察矿料颗粒上沥青膜的剥落程度，评定其黏附性等级。

黏附性能是指沥青薄膜在石料表面上抵抗被水移动的能力。经水煮法实验表明：混合沥青对石料的黏附性高于石油沥青，混合沥青-石料表面沥青薄膜基本保存完好，而石油沥青-石料表面的沥青薄膜已部分脱落。混合沥青较石油沥青的黏附等级至少提高一个等级，进一步说明了混合沥青中煤沥青的存在，有利于增加沥青混合料之间的结合力。

4.2.2.6　改性后沥青的抗老化性能

沥青的抗老化分析采用的薄膜烘箱加热实验方法将按照我国行业标准《公路工程沥青及沥青混合料实验规程》JTJ052—2000 中指定的标准方法进行。

本次实验选择了将30％CTP1与SK70#沥青制备的混合沥青样品，抗老化性质结果列于表4-16中，通过比较老化前后数据以判断样品的抗老化性能。

表4-16　抗老化性质结果

项目		煤沥青：石油沥青	
		0：100	30：70
老化后残留物 （薄膜烘箱老化实验）	质量损失率/%	0.018	−0.56
	针入度比(25℃)/0.1mm	48.5%	63.8%
	延度(25℃)/cm	>150	65.4

由表4-16可知，调配沥青的质量变化在163℃以下时小于零，说明该沥青在实验条件下是吸氧增重的。其老化以吸氧老化为主，老化后沥青残留针入度比可用于评价沥青经过老化后硬度的增加。随着煤沥青的加入，与基质石油沥青相比，混合沥青针入度比有明显提高，说明加入煤沥青制备调配沥青可以显著改善沥青的耐热氧老化性能。

4.3　本章小结

（1）通过 SHRP 评价表明，共处理改性沥青 90CSA5 和 110CSA2 分别满足 PG70-22 和 PG64-22 等级，改性后都改变了原基质沥青的等级。

（2）通过对改性沥青 90CSA9 和 90TLA 性质的比较，包括常规路用性能（参照美国、英国等国家针对 TLA 改性沥青提出的标准性能要求）、混合料实验性能和储存稳定性能等的比较，表明 90CSA9 改性沥青性质优于或近似于 90TLA 改性沥青，表明改性剂 CSA9 有可能代替 TLA 改性剂应用在高等级公路建设中，即在工艺条件为 1：1/Mo/1h/400℃/H_2 下制得的重质产物有可能代替 TLA 应用在高等级公路建设中。

（3）90CSA11 近似满足 ASTM D5710 中 60～75 针入度级别要求，也可应用于高等级公路建设；而 90CSA11 为无外加催化剂条件下的共处理产物。

（4）通过对比评价，发现煤沥青的加入对混合沥青的 PI 值略有降低，但对沥青体系的感温性影响不大。

（5）煤沥青的加入，对混合沥青体系的高温性能有较好改善。

（6）随着煤沥青含量的增加，混合沥青体系的低温性能有所衰减。

（7）混合沥青对石料的黏附性高于石油沥青。实验表明：混合沥青较石油沥青的黏附等级至少提高一个等级。

（8）以煤沥青与石油沥青制备的混合沥青，该沥青的耐热氧老化性能显著改善。

总之，通过对 90CSA9 和 90TLA 改性沥青混合料的分析，结果表明：90CSA9

有与 90TLA 完全近似的性能，说明 CSA9 的改性性能与 TLA 非常近似。因此，CSA9 有可能应用于高等级公路建设中。由于 CSA9 的制备过程是基于廉价的煤和低品位的催化裂化油浆，加工过程简单、成本低廉、经济效益好，该工艺的发明和实际应用不仅会减少国家对进口产品的依赖，加速我国重交通路面的铺设；而且还有望应用到其他普通沥青路面的建设中，以提高路面寿命，降低翻修和维护频率，大幅减少公路建设成本。

5 煤沥青改性石油沥青的实验路应用

5.1 项目背景

煤沥青的路用开发是资源循环利用、降低环境污染的有效途径，同时煤沥青的应用是缓解石油沥青资源短缺的有效途径。从资源再利用与循环发展角度来看，将煤沥青作为国家战略储备资源，充分研究煤沥青的技术性能，改进工艺措施，提高煤沥青在公路工程中应用的可行性和可靠性，具有重要意义。

例如，山西省是我国的煤炭资源大省，每年有大约 $30\%\sim40\%$ 的原煤被加工为焦炭用于钢铁的炼制和外输，煤沥青产量约占全国的 1/5；而很大一部分煤沥青未被开发和利用，许多被作为燃料烧掉，造成资源浪费、生态破坏和环境污染。以下通过一些工程实例进行说明。

高陵高速公路是山西省重点建设项目，也是山西省"三纵十一横十一环"高速公路规划网的重要组成部分。高陵高速公路的开工建设，对于进一步完善晋城市的高速公路网络，推动晋城地区经济和社会的发展，具有重要的意义。该公路途经高平、陵川的 8 个乡镇、51 个行政村，全长 62.9km。该项目由交通运输部公路科学研究院建议，经山西省交通厅批复，在公路工程建设中开展改性煤沥青路面推广实验。

5.2 混合沥青的现场加工工艺

经计量，将煤沥青与石油沥青按一定比例注入混融罐中简单搅拌，将混合沥青经高速剪切机剪切、研磨后打入成品罐，经质量检测合格后，运送至施工单位沥青储罐。混合沥青现场加工工艺如图 5-1 所示。

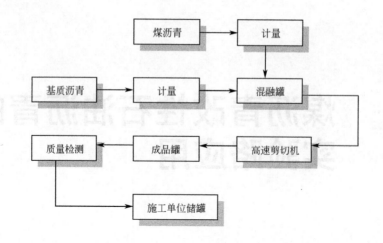

图 5-1　混合沥青现场加工工艺

上述工艺技术要求如下。

（1）基质沥青于 130℃（误差范围±5℃）时通过流量计准确计量，按工艺要求的数量泵入混融罐。

（2）煤沥青在温度达到 120℃（误差范围±5℃）时，按工艺要求的数量准确计量煤沥青 30% 掺配比例（误差范围±1%）泵入混融罐。

（3）连续搅拌 5～10min，充分反应的混合沥青通过高速剪切机剪切、研磨。

（4）经细化和分散合格的混合沥青送入成品储罐储存，储存温度为 125℃（误差范围±5℃）。

（5）按要求对改性沥青成品进行检测，确认产品质量合格后运送至施工单位拌和站沥青储罐。混合沥青性能检测结果见表 5-1。

表 5-1　混合沥青性能检测结果

实验项目	实验结果	技术要求
针入度(25℃)/0.1mm	47.4	50～80
延度(15℃)/cm	22.6	≥20
软化点/℃	57	≥44

5.3　配合比设计

5.3.1　目标配合比设计

混合沥青 SAC20 上面层混合料使用辉绿岩 5～15 目的辉绿岩矿料，细集料使用 0～5 目的石灰岩。冷料仓筛分结果见表 5-2。

根据目标级配和冷料筛分结果，得到各个冷料仓的比例以及掺配后的级配，见表 5-2。从表 5-2 中数据看出，取（10～15）∶（5～10）∶（3～5）∶（0～3）∶矿粉＝44∶15∶15∶22∶4，掺配级配基本满足目标级配。

表 5-2　冷料仓筛分结果

通过率/%　　筛孔尺寸/mm	1号仓 粒径（10～20mm）	2号仓 粒径（5～10mm）	3号仓 粒径（3～5mm）	4号仓 粒径（0～3mm）	矿粉	掺配	设计级配		
							中值	上限	下限
26.5	100	100	·100	100	100	100	100	100	100
19	95.1	100	100	100	100	98	98	100	95
16	76.9	100	100	100	100	90	82	85	79
13.2	46.8	100	100	100	100	77	72	76	67
9.5	4.3	90.7	100	100	100	56	57	62	52
4.75	0.3	11.7	71.2	99.8	100	39	35	40	30
2.36	0	6.1	8.4	83.9	100	25	26	29	22
1.18	0	4.6	5.7	65.2	100	20	19	21	16
0.6	0	0	0	39.9	100	13	14	16	12
0.3	0	0	0	26.9	100	10	10	11	9
0.15	0	0	0	18.8	99.6	8	8	8	7
0.075	0	0	0	13.6	93	7	5	6	4
冷料比例	44	15	15	22	4				

采用筛孔尺寸 4.75mm、通过率为 35％的粗集料段级配混合料，粗集料曲线采用幂函数曲线。混合沥青混合料 SAC-20 级配曲线见表 5-3。沥青混合料马歇尔实验结果见表 5-4。通过分别采用重质煤沥青进行混合料击实实验，根据实验结果，按照最紧密状态确定混合料的最佳油石比和相应的毛体积密度，如图 5-2 所示。

表 5-3　混合沥青混合料 SAC-20 级配

孔径/mm	26.5	19	16	13.2	9.5	4.75	2.36	1.18	0.6	0.3	0.15	0.075
通过率/%	100	98	82	72	57	35	26	19	14	10	8	5

表 5-4　沥青混合料马歇尔实验结果

油石比/%	体积密度/(g/cm³)	干密度/(g/cm³)	表观密度/(g/cm³)	计算理论密度/(g/cm³)	空隙率/%
4	2.2571	2.1703	2.2729	2.5764	8.3
4.4	2.3075	2.2102	2.2848	2.5632	6.9
4.8	2.3066	2.2009	2.2911	2.5502	5.9
5.2	2.2966	2.1831	2.2850	2.5375	5.3

根据最紧密骨架结构状态确定的沥青混合料的最佳油石比为 4.8％，毛体积密度为 2.401；同时，根据后期实验验证最终确定沥青混合料的最佳油石比为 4.5％。

实验路沥青混合料目标配合比性能验证结果表5-5。

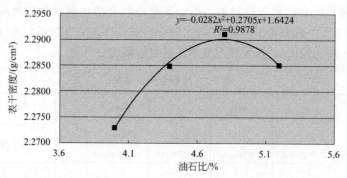

图 5-2　表干密度与油石比曲线

表 5-5　实验路沥青混合料目标配合比性能验证结果

实验项目	混合沥青	设计要求
稳定度/kN	11.8	≥8
流值/mm	23.6	15～40
空隙率/%	4.8	3～6
动稳定度/(次/mm)	2013	≥1500
残留稳定度/%	93.4	≥85

5.3.2　生产配合比设计

根据以上冷料的比例，进行拌和楼试生产和各个热料仓的筛分，并由此根据目标级配进行掺配，得到各个热料仓的比例。初定的热料仓比例为（18～24）：（11～18）：（7～11）：（4～7）：（0～4）：矿粉＝19：18：22：8：29：4。

表 5-6　热料仓筛分结果

筛孔尺寸/mm	粒径(18～24 mm)	粒径(11～18 mm)	粒径(7～11 mm)	粒径(4～7 mm)	粒径(0～4 mm)	矿粉	合成级配	设计级配
26.5	100	100	100	100	100	100	100	100
19	79.8	99.1	100	100	100	100	96	98
16	33.5	89.2	99.7	100	100	100	85	82
13.2	5.7	46.4	96.0	100	100	100	72	72
9.5	0.4	2.4	62.2	99.3	100	100	55	57
4.75	0.2	0.2	0.5	42.2	98.7	100	36	35
2.36	0	0.0	0.3	1.3	67.3	100	24	26
1.18	0	0	0.0	1.0	51.3	100	19	19
0.6	0	0	0	0.0	32.7	100	13	14
0.3	0	0	0	0	20.3	100	10	10
0.15	0	0	0	0	12.4	99.6	8	8

通过率/% 筛孔尺寸/mm	粒径 (18～24 mm)	粒径 (11～18 mm)	粒径 (7～11 mm)	粒径 (4～7 mm)	粒径 (0～4 mm)	矿粉	合成级配	设计级配
0.075	0	0	0	0	5.9	93	5	5
热料仓比例	19	18	22	8	29	4		

经过燃烧炉实验、马歇尔压实实验确定 SAC20 混合料的拌和楼生产参数如下：给定拌和楼油石比 4.6%。热料仓比例为（18～24）：（11～18）：（7～11）：（4～7）：（0～4）：矿粉=19：18：22：8：29：4。

5.4 路面施工与评价

本实验路按照《高陵高速路面设计说明》及《高陵高速公路路面工程煤沥青实验路施工技术指南》进行施工。

实验路施工应严格按照生产配合比确定的配比参数，以及正常的施工状态进行施工。在沥青混合料生产中，采用电加热设备由导热油加热沥青，重柴油燃烧加热骨料；沥青加热温度为 125～130℃，矿料加热温度为 135～145℃。沥青混合料出厂温度为 135～140℃，每盘间歇式拌和机的生产周期不宜低于 50～60s（其中，干拌时间不少于 15～20s）。

沥青混合料宜采用较大吨位的运料车运输，但不得进行超载运输，或发生急刹车、急弯掉头使透层、封层造成损伤。待等候的运料车多于 5 辆后开始摊铺，运料车配置篷布覆盖，用于保温和防雨。在运输过程中，严格控制中途停车，确保混合料的摊铺温度。沥青混合料的施工温度见表 5-7。

实验路碾压分为初压、复压和终压 3 个阶段。本实验路施工共配备 6 台压路机。初压时应紧跟摊铺机之后进行，采用重胶轮初压 2～3 遍，并保持较短的初压区长度，以尽快使表面压实，减少热量散失。复压时采用双钢轮振动压路机碾压 3～5 遍，采用"高频、低振"的模式。碾压时应将压路机的驱动轮面向摊铺机，从外侧向中心碾压，在超高路段则由低向高碾压，在坡道上应将驱动轮从低处向高处碾压。终压时可选用双轮钢筒式压路机或关闭振动的振动压路机碾压不少于 2 遍，至无明显轮迹为止。压路机应以慢而均匀的速度碾压，初压速度为 2～3km/h、复压速度为 3～5km/h、终压速度为 3～6km/h。

表 5-7　沥青混合料的施工温度　　　　　　　　单位:℃

类型	混合沥青混合料
石料加热温度	135～145

类型	混合沥青混合料
改性煤沥青加热温度	125~130
出料温度	135~140
废弃温度	≥165
摊铺温度	≥130
初压开始温度	≥125
终压温度	≥80
开放交通的路表温度	≤50

在施工过程中，主要对沥青混合料和铺筑完的路面进行了车辙实验［试件尺寸为300mm（长）×300mm（宽）×50mm（高）］和残留稳定度的质量检验，见表5-8。浸水马歇尔实验结果见表5-9。

表 5-8　车辙实验结果和残留稳定度的质量检验

车辙类型	时间/min	变形/mm	动稳定度/(次/min)
普通车辙	45	4.537	2136
	60	4.832	

表 5-9　浸水马歇尔实验结果

混合料类型	浸水前马歇尔稳定度/kN	浸水48h后的马歇尔稳定度/kN	残留稳定度/%
沥青混合料	11.66	10.38	88.5

5.5　本章小结

通过在高陵高速工程上的实验路段上进行的铺筑混合沥青实验，并对混合沥青的现场加工工艺及质量指标进行控制，对混合沥青生产配合比进行调试，调配出铺筑实验路使用的 SAC-20 级配。最后，通过对沥青混合料的路面性能指标进行测试，各项指标均满足高等级道路沥青的路用性能指标。

6 结论与展望

6.1 结 论

本书主要讲述了液化沥青和煤沥青作为改性剂以改性道路石油沥青。采用改性剂以改善沥青的性能是铺设沥青路面时广泛使用的方法。其中，产于特立尼达湖（Trinidad）的湖沥青（TLA）由于其独特的改性效果而得到广泛应用，但因其价格较高，有必要开发替代产品。

煤油共处理是煤炭洁净利用的高效方法之一，因其起源于煤的直接液化，也可以说是一项新的煤炭液化技术。由于共处理过程的本质，必然涉及煤的裂解、加氢和石油渣油或重油的加氢提质。但由于煤和石油渣油或重油会发生相互作用，因此它们又不是单独的裂解、加氢过程，而是两种工艺的结合和发展。笔者的研究表明：将煤与催化裂化油浆在一定条件下共处理，煤和油浆裂解的自由基碎片适度交联接枝，重新组合，在分子水平上融为一体，可以获得组成和性质与 TLA 近似的液化沥青重质产物。

本书还重点研究了将共处理液化重质产物用于道路沥青改性剂改性石油沥青，结果表明：调配方法、共处理液化重质产物粒度、改性工艺条件对改性沥青性质都有重要影响。剪切能促进共处理液化重质产物在基质沥青中的分散，温度和时间也具有一定的作用。一种共处理液化重质产物，对不同基质沥青的改性结果不同，不同共处理液化重质产物对同一基质沥青改性的效果也不同。

通过调节反应条件，可形成系列改性剂。因此，采用共处理液化重质产物用作改性剂时，克服了 TLA 改性剂性质单一的局限；随着共处理液化重质产物比例的增加，改性沥青软化点逐渐增高，针入度逐渐降低，说明改性沥青向硬沥青方向转变。随着共处理液化重质产物比例的增加，基质沥青的感温性能和抗老化性能得到了改善；在共处理液化重质产物制备过程中，随着原料中煤含量的增高，改性沥青性质变硬，投料中煤含量的增大更有利于提高基质沥青的抗老化性能。当以共处理液化重质产物整体改性基质沥青时，组分之间有相互作用，沥青组分

（Asp）对前沥青烯（PA）和残渣组分能起到增溶、分散作用，而萃取分离的组分，当采用物理混合改性基质沥青时，不能达到整体的改性效果。

共处理液化重质产物组分改性基质沥青时，PA 和残渣不及沥青组分（Asp）更能改善基质沥青的抗老化性能和感温性，说明沥青组分是改性剂中最关键的组分；温度对改性沥青的老化有明显影响，在 135℃、老化 12h 时改性沥青性质的变化远低于 163℃、老化 5h 的变化结果；共处理改性沥青改性后改进了原基质沥青的性能。

随着煤炭焦化产业的发展，煤焦油加工量不断增加，导致煤沥青总量过剩。煤沥青作为一种材料，无论是在传统行业还是新兴产业都是十分宝贵的资源。笔者认为煤沥青改性道路石油沥青，不仅可以高效清洁利用煤沥青，还可以生产出高质量重交通道路沥青，解决我国重交通道路沥青供应不足的矛盾。

煤沥青保留了煤大分子中稳定的宝贵化学资源，即煤的芳香环结构，此结构正是石油沥青改性所需要的。笔者利用中温煤沥青对道路石油沥青进行改性，研究了煤沥青的种类、掺加量、粒度大小和搅拌方式对混合沥青的软化点、针入度、延度和抗老化性能的影响特点，考察了煤沥青组成成分对石油沥青的改性效果，同时还引入了橡胶沥青来改善煤沥青改性石油沥青的延度。结果表明：煤沥青的掺加比例对混合沥青的性能指标有重要影响；混合沥青中煤沥青掺加比例越大，混合沥青软化点越高，延度越小，针入度越小，整体呈变硬的趋势。

煤沥青的粒度大小也是影响混合沥青性能指标的重要因素。煤沥青的粒度可以在混合沥青中起骨架支撑作用，可以使软化点增高。但是，当煤沥青粒度过大时，又会使软化点降低；不同的搅拌方式，所引起的改性沥青指标有所不同。剪切搅拌比简单机械搅拌效果更优，剪切搅拌方式在搅拌过程中对煤沥青进行二次破碎，使得煤沥青与石油沥青能够更好结合；煤沥青与石油沥青的结合，可使混合沥青具有更好的抗老化性能。煤沥青添加比例越大，沥青的抗老性能越强。但是，煤沥青的粒度对改性沥青抗老化性能的影响作用是有限的；煤沥青与石油沥青之间既存在相互"溶解"作用，又存在"聚合"作用。在不同的调配时期，"溶解"与"聚合"的作用程度不同，进而在宏观上表现为溶解期、动态平衡期和聚合期，二者中的轻质组分相互结合，又形成大分子物质，且煤沥青与石油沥青形成的混合沥青的模型类似于"八宝粥"模型，混合体系中的油分可类比于水，其他组分则是粥中的米粒；化学助剂对混合沥青的性能有一定影响，橡胶沥青可以大幅改善混合沥青的各项性能指标，特别是可大幅提高混合沥青的延度指标。此外，采用对比实验方法研究了改性沥青的路用性能，最后通过实验路的铺筑，验证了其优异的高温稳定性能和低温抗裂能力等。

6.2 展望

由于作者科研能力和实验条件的局限，结合当前道路沥青的发展以及路面材料、煤基沥青的应用和仪器分析的技术与进步，作出如下展望。

（1）可继续深入开展对液化沥青、煤沥青改性石油沥青的改性机理研究。改性剂在基质沥青中的溶解分散性能与工艺条件、搅拌方式等密切相关，建议后续还可结合新型改性剂等工艺条件进一步研究；又由于石油沥青种类多、性能差异大，煤沥青的性能差别也很大，液化沥青重质产物采用了特定的煤与油浆作原料，其研究结果有一定的局限性。因此，可进一步扩大对原料等进行分析和研究。一般来说，单一物质的改性会有一定的局限。液化沥青和煤沥青在组成结构上属于混合物，有利于胶体体系的完善，但与聚合物等差异较大；而聚合物改性剂具有特定的优越性，可以弥补煤沥青结构的不足，因此未来复合改性时会有更好的发展前景。笔者只对选定的基质沥青进行了改性，有一定的局限性，应进一步考察对其他基质沥青的改性结果，并根据基质沥青使用的原油性质来分类基质沥青，优先对其他普通非高等级道路沥青进行改性，以扩展基质沥青的使用范围；实验时仅使用了催化裂化油浆作原料，考虑到渣油性质对最终改性剂性质的重大影响，有必要使用减压渣油或混合减压渣油和油浆作原料与煤共处理，进一步为减压渣油的利用提供指导。

（2）可进一步深入对改性后沥青的抗老化性能研究。煤结构中包含多芳香结构，芳香结构能改善基质沥青的感温性能和黏附性能。本书中采用针入度指数 PI 以评价改性沥青的感温性能。除此之外，还有针入度黏度指数 PVN、黏温指数 VTS 等指数，后续可以采用多种指数评价改性沥青的感温性能；黏附性能在本书中是采用水煮法进行评价的。但是，该实验方法只能定性地分析，严谨性不够。为了更加科学和规范，可以采用更先进的方法进行评价。在实体实验路工程中，仍需对路面进行长期的跟踪观察和研究；不同的老化方式可能对改性沥青的性质有不同影响。本书中的老化实验采用的是薄膜烘箱，后续研究者可尝试 PAV 老化、紫外老化等多种方法，对老化性能进行评价。

（3）在社会的进步和科学技术飞速发展的大背景下，使用各种功能特性的沥青材料，提高沥青路面的路用性能，将越来越受到欢迎。由于材料和结构的改善，功能特性的沥青材料具备了一些特殊的功能。其部分实验结果与普通沥青混合料相比，各种路用性能均有明显提高。其路用性能既不同于柔性路面，又不同于刚性路面，是一种新型半刚性路面的复合材料。特种沥青主要有防水沥青混合料、防滑式沥青混合料、彩色沥青混合料、再生沥青混合料、乳化沥青混合料等。例如，彩色沥青，就有研究者发明了一种高性能、低冰点的彩色沥青混合料制备方法。该路面除了具备主动融冰雪功能之外，同时还保证公路所需的路面性能，且与普通石油沥青铺设的公路相比，具有更加醒目的色彩。在此方面，建议后续研究者可在本书有关改性道路石油沥青研究基础上进一步开展工作。

（4）可进一步深入开展有关改性沥青及组分分析方面的研究。沥青再生关键技术是对轻质油分的补充，通过调配沥青中的组分含量，以改善组分的配比，使其恢复其路用性能。

笔者在利用四组分分析方法评价老化沥青方面有所欠缺，不同组分之间的相容性较差，再生沥青体系不稳定。因此，基于沥青胶体结构理论，拟对老化沥青的主要成分即胶质、沥青质再分类，构建六组分评价方法，并对胶质沥青质进行再分类，即分为饱和分、芳香分、轻胶质、重胶质、轻沥青质和重沥青质来评价老化沥青。此外，进一步从六组分角度科学构建再生剂，优化再生效果，以克服当前以轻质油分为主的再生剂普遍存在的耐老化性能不足、易挥发、稳定性不足等局限，并通过研究六组分分析手段，结合现代分子模拟技术，借助先进的分析表征手段，对沥青老化及再生过程中的机理、常规物理性能、流变性能进行系统分析与评价，为构建性能高效、价格低廉的再生剂提供可靠依据，更好地发挥各组分之间的协同效应。

（5）由于液化沥青和煤沥青改性石油沥青得到的产物非常复杂，笔者对其结构进行分析时有一定的局限性。为得到更加精确的分析结果，之后可以使用新型现代仪器进行进一步分析：结合分子模拟技术及其路用性能等方面，进一步研究其组成结构；也可从微观机理方面开展分析，结合仪器分析、现代分析方法、数学模型理论、胶体结构理论等方法进行研究，探究其分散特性、匹配特性、胶体理论、抗老化特性、防水性能等，将会得到更好的结果。

（6）煤基沥青的毒性一直是阻碍煤沥青用于工程实践的一个因素，传统煤沥青性能不稳定、延展性差及含有多环芳烃污染物。所以，为降低煤沥青的毒性，降低其对环境的污染，成为煤沥青改性石油沥青的关键，建议后续工作者可对混合沥青的脱毒性能进行分析和评价。

（7）在实验过程中，采用的实验样品大多是基于沥青性能评价和模拟路试，建议可对混合料实验结果较好的改性沥青进行实验路的铺筑，并对改性剂改性沥青后的路用性能进行最终检验。沥青材料作为沥青路面的主要组成部分，对道路的使用性能和使用寿命至关重要。随着计算技术的迅速发展，分子动力学模拟技术已广泛应用于沥青材料研究领域，其相对于传统实验法，具有适用体系广、工作量小的特点，成为沥青材料微观机理研究的有效手段。后续工作可以结合该技术，进一步研究其改性过程；也可以在实验室模拟不同的路表环境，研究不同的干燥和浸水环境下沥青抗滑性能的衰变规律。

沥青属于非牛顿流体，在不同温度下的形态具有较大的差异。当运输时间较长时，面向外部环境的散热导致沥青的温度降低，罐车内沥青凝结为固态，此时沥青流动性能变差，无法直接卸载，需加热使其具有一定的流动性才可以进行卸车。不同于一般的牛顿流体，沥青在加热过程中黏度会发生剧烈变化，具有比较复杂的传热特性。因此，建议后续研究可对沥青的传热及流动特性进行模拟，这对于沥青的运输、加热、利用将有十分重要的意义。

参考文献

[1] 王东. 煤沥青及煤焦油改质沥青综述 [J]. 广州化工, 2010, 38 (5): 68-70.

[2] 常宏宏, 魏文珑, 王志忠等. 煤沥青的性质及应用 [J]. 山西焦煤科技, 2007, 2: 39-46.

[3] 张登良. 沥青路面工程手册, 人民交通出版社, 北京, 2003.

[4] 林世雄. 石油炼制工程, 北京: 石油工业出版社, 2002.

[5] Elliott M. A. Chemistry of coal utilization (煤利用化学 下册), 北京: 化学工业出版社, 1991.

[6] 郭树才. 煤化工工艺学, 北京: 化学工业出版社, 1995, 265-266.

[7] 崔之栋, 李嘉珞. 煤炭液化. 大连: 大连理工大学出版社, 1992.

[8] 薛永兵. 煤直接液化过程中溶剂的作用, 太原理工大学硕士学位论文, 太原, 2000.

[9] 马治邦, 史士东. 煤油联合加工技术, 煤炭综合利用, 1989, 2: 13-21.

[10] 柳永行, 范耀华, 张昌祥. 石油沥青 [M]. 北京: 石油工业出版社, 1984.

[11] 王子军, 王翠红, 佘玉成, 龙军. 应对道路石油沥青技术要求新规范 [J]. 石油沥青, 2004, 04: 48-52.

[12] 郭树才. 煤化工工艺学 [M]. 北京: 化学工业出版社, 2012.

[13] 柳永行, 范耀华, 张昌祥. 石油沥青, 北京: 石油工业出版社, 1984.

[14] 沈金安. 改性沥青与 SMA 路面, 北京: 人民交通出版社, 1999.

[15] 雷永生, 聂丽, 许莉, 林瑞森. 石油胶体溶液结构及其应用研究, 化学世界, 1996, 增刊, 113-114.

[16] 钱锦棠. 石油分散系理论国内外现状, 浙江师范大学学报 (自然科学版), 2001, 24 (2): 169-174.

[17] 王予军. 石油沥青质的化学和物理 IV 石油沥青质溶液的胶体化学, 石油沥青, 1996, 10 (3): 35-49.

[18] 马敬坤, 朱建民. 国内改性道路石油沥青的应用现状, 石油沥青, 1999, 13 (3): 45-48.

[19] 刘尚乐. 石油沥青及其在建筑中的应用. 北京: 中国建筑工业出版社, 1983.

[20] 昌伟民, 张治明. 橡胶对沥青改性机理的初步研究, 同济大学科技情报站, 1982.

[21] Colfof W. 各种橡胶对石油沥青性质的影响, 同济大学道路教研室资料, 1958.

[22] 杨建丽, 张昊宏, 等. 一种橡胶沥青改性剂及其制备方法, 中国专利, 申请号: 99108716.

[23] Akmal N. , Usmani A. M. Application of asphalt-containing materials, Polymer news, 1999, 24: 136-140.

[24] 吴少鹏. 橡胶—沥青改性机理的研究, 武汉工业大学学报, 1997, 19 (3): 7-10.

[25] Billiter T. C. , Chung J. S. , Davision R. R. Investigation of the curing variables of asphalt-rubber binder, Petrol science technology, 1997, 15: 445-452.

[26] 刘治军, 赵济民. EPS 改性沥青的研究, 中国公路学报, 1995, 8 (1): 50-55.

[27] 张秀华, 郝培文, 韩森. 石油沥青, 1997, 11 (3) 35-42.

[28] Lu X. , Isacsson U. Rheological characterization of SBS copolymer modified bitumens, Construction and

Building materials，1997，11（1）：23-32.

[29] Usmani A. M. Polymer network formation in asphalt modification，Asphalt Sci. Technol. 1997，369-383.

[30] Ali M. F. Siddiqui M. N.，ACS，Division Petroleum Chemistry，1999，44（3）：358-362.

[31] 原健安. 用 DSC 分析聚合物对改性沥青性质的影响，石油沥青，1997，11（2）：23-26.

[32] 李雪，廖明义. 胶粉改性沥青的稳定性及机理研究，中国第一届沥青材料国际学术交流会论文集，东营，2003.

[33] 牛晓霞，李明国，饶志勇. SBS 改性沥青储存稳定性实验研究，石油沥青，2005，19（2）：34-38.

[34] 孙大权，拾方治，周海生，吕伟民. SBS 改性沥青热储存稳定性及其评价标准，中国第一届沥青材料国际学术交流会论文集，东营，2003.

[35] 尚正强. 湖底冒出的沥青，中国公路，建设市场，2003，6：14-15.

[36] 沈金安. 特立尼达湖沥青及其应用前景，国外公路，2000，20（2）：1-4.

[37] 柳浩，王建国，石效民. 千里达湖天然沥青改性国产重交通沥青的路用性能研究，石油沥青，2001，15（2）：41-42.

[38] 赵普. 煤沥青与石油沥青调配道路沥青的路用性能研究［D］. 太原科技大学，2012.

[39] 李丰超. 煤沥青改性石油沥青机理的研究［D］. 太原科技大学，2015.

[40] 张克穷，薛永兵，李秉正. 橡胶沥青用作筑路材料的研究进展［J］. 化工时刊，2013，27（06）：36-40.

[41] 曹东伟，张海燕，薛永兵，赵普. 煤沥青与石油沥青混合调制道路沥青的研究［J］. 燃料化学学报，2012，40（06）：680-684.

[42] 张秋民，覃志忠，赵树昌，等. 煤沥青与石油沥青共混作筑路材料［J］. 煤炭转化，1998（02）：3-5.

[43] 朱继升，杨建丽，刘振宇，钟炳. 工业硫酸亚铁用于先锋、神木、依兰煤直接液化催化剂的研究，燃料化学学报，2000，28（6）：496-502.

[44] Lian Zhang，Jianli Yang，Jisheng Zhu，Zhenyu Liu，Baoqing Li，Tiandou Hu，Baozhong Dong. Properties and liquefaction activities of ferrous sulfate based catalyst impregnated on two Chinese bituminous coals，Fuel，2002，81：951-958.

[45] JTJ052-2000，公路工程沥青及沥青混合料实验规程，北京：人民交通出版社，2003.

[46] 毕延根，卢燕. 薄层色谱－氢火焰离子检测分析重质油的族组成，理化检验：化学分册，2003，39（5）：280-282.

[47] 杜国华，杨海鹰，蔺玉贵，顾洁. 润滑油基础油烃族组成的薄层色谱法测定，分析测试学报，2003，22（3）：81-83.

[48] Yokoyama S.，Umematsu J.，Inoue K.，Takashi K.，Yuzo S. Estimation of Compound Classes in Coal Hydrogenation Liquids by Thin-Layer Chromatography，Fuel，1984，63：984-989.

[49] 阎瑞萍，王志杰，杨建丽，刘振宇. 兖州煤与大庆减压渣油在共处理过程中的相互作用Ⅱ3/4甲苯可溶重质产物族组成和分子量的变化规律，燃料化学学报，2000，28（6）：533-536.

[50] 令狐文生，张昌鸣，李允梅，杨建丽，刘振宇. 重质油和焦油的族组成分析，分析科学学报，2003，19（5）：423-424.

[51] Acevedo S，Escobar G，Ranaudo M A et al. Molecular Weight Properties of Asphaltenes Calculated from GPC Data for Octylated Asphaltenes，Fuel，1998，77（8）：853-858.

[52] 张昌鸣，李爱英，徐芙蓉，沈曾民. 高效 GPC 法测定沥青及其缩聚物的分子量分布，色谱，1989，7（1）：35-37.

[53] 柳永行，范耀华，张昌祥. 石油沥青. 北京：石油工业出版社，1984.

[54] 水恒福. 1H—NMR 和 IR 对道路沥青老化过程的研究，华东理工大学学报：自然科学版，1998，24（4）：405-409.

[55] 钟海庆. 红外光谱法入门. 北京：化学工业出版社，1984.

[56] 金鸣林，冯安祖. 胜利100B沥青老化过程中官能团分析与相对分子量分布，南京化工大学学报，2000，22（5）：65-68.

[57] 傅献彩，沈文霞，姚天扬. 物理化学（下册）. 北京：高等教育出版社.2004.

[58] 张德勤，范耀华，师洪俊. 石油沥青的生产与应用. 北京：中国石化出版社，2001.

[59] 陈惠敏，郑毓权. 道路沥青的黏度和黏温关系，石油炼制，1989（5）：51-56.

[60] 张昌鸣，李爱英，李英，张林梅. 煤系重质油的仪器分析及系统考察 I 烃族分析，色谱，1999，17（4）：372-375.

[61] 张昌鸣，李爱英，李英，张林梅. 煤系重质油的仪器分析及系统考察 II 高效液相色谱法分析芳烃环分布，色谱，1999，17（5）：473-475.

[62] 张昌鸣，李爱英，李英，张林梅. HPLC测定煤焦油中极性化合物的研究，分析测试技术与仪器，1999，5（1）：27-30.

[63] 令狐文生，薛永兵，杨建丽，刘振宇. 催化裂化油浆与煤共炼油品的安定性研究，石油化工，2001，30（增刊）：107-109.

[64] 令狐文生，李允梅，杨建丽，刘振宇. 气相色谱法同步测定煤基油品的硫分布和沸点分布，分析化学，2002，3O（11）：l37l-1374.

[65] 马治邦. HRI煤油共炼技术，煤炭综合利用，1991，2：43-46.

[66] 郭树才. 煤化工工艺学，北京：化学工业出版社，1995.

[67] 舒歌平. 史士东，李克健，煤炭液化技术. 北京：煤炭工业出版社，2003.

[68] 沈金安. 特立尼达湖沥青及其应用前景，国外公路，2000，20（2）：1-4.

[69] 柳浩，王建国，石效民. 千里达湖天然沥青改性国产重交通沥青的路用性能研究，石油沥青，2001，15（2）：41-42.

[70] JTJ052-2000，公路工程沥青及沥青混合料实验规程. 北京：人民交通出版社，2003.

[71] 张德勤，范耀华，师洪俊. 石油沥青的生产与应用. 北京：中国石化出版社，2001.

[72] 李秀君，景彦平，原健安，戴经梁. 沥青延度与流变特性关系研究分析，石油沥青，2002，16（4）：32-36.

[73] 汤林新，刘治军，王永森，虞勋忠. 高等级公路路面耐久性. 北京：人民交通出版社，1997.

[74] 柳永行，范耀华，张昌祥，石油沥青. 北京：石油工业出版社，1984.

[75] 郭崇涛. 煤化学. 北京：化学工业出版社，1994.

[76] 王志杰. 煤油共处理制高等级道路沥青和油的研究 [D]. 中国科学院山西煤化所博士学位论文.

[77] 曹东伟，张海燕，薛永兵等. 煤沥青与石油沥青混合调制道路沥青的研究 [J]. 燃料化学学报，2012.40（6）：680-684.

[78] 沈金安. 道路沥青的当量软化点及当量脆点指标 [J]. 公路交通科技，1997，01：48-54.

[79] 董瑞琨，孙立军. 考虑老化的沥青结合料低温感温性指标 [J]. 中国公路学报，2006，04：34-39.

[80] 张克穷，薛永兵，李秉正. 橡胶沥青作为筑路材料的研究进展 [J]. 化工时刊.2013，27（6）：36-37.

[81] 吴秀兰，李贵君. 国外废旧轮胎处理和再生利用的最新进展 [J]. 橡塑资源利用.2003，1：26-31.

[82] Y. Wang, L. Sun, and Y. Qin, Aging mechanism of SBS modified asphalt based on chemical reaction kinetics. Construction and Building Materials，2015. 91：47-56.

[83] Bai F., X. Yang, and G. Zeng, A stochastic viscoelastic - viscoplastic constitutive model and its application to crumb rubber modified asphalt mixtures. Materials & Design，2016. 89：802-809.

[84] 孙祖望，陈飙. 橡胶沥青应用技术指南 [M]. 北京：人民交通出版社.2007.

[85] 张文武. 废胎胶粉改性沥青机理研究 [D]. 重庆交通大学.2009；76-79.

[86] 许爱华，郭朝阳，卢伟. 废胎胶粉橡胶沥青改性机理研究 [J]. 交通科技.2010，240：87-89.

[87] 曹卫东，吕伟民．废旧轮胎橡胶混合法改性沥青混合料的研究［J］．建筑材料学报．2007，10（1）：110-111.

[88] Fakhri, M. and A. R. Ghanizadeh, An experimental study on the effect of loading history parameters on the resilient modulus of conventional and SBS-modified asphalt mixes. Construction and Building Materials, 2014. 53：284-293.

[89] Kaloush, K. E., Asphalt rubber：Performance tests and pavement design issues. Construction and Building Materials, 2014. 67：258-264.

[90] Polacco, G., et al., A review of the fundamentals of polymer-modified asphalts：Asphalt/polymer interactions and principles of coMPatibility. Advances in Colloid and Interface Science, 2015. 224：72-112.

[91] Cong, P., et al., Investigation on recycling of SBS modified asphalt binders containing fresh asphalt and rejuvenating agents. Construction and Building Materials, 2015. 91：225-231.

[92] S. Wang, et al., Asphalt modified by thermoplastic elastomer based on recycled rubber. Construction and Building Materials, 2015. 93：678-684.

[93] 曾华洋．橡胶沥青技术的应用［C］．2009 国际橡胶沥青大会中文论文集．2009：139.

[94] 张小英，徐传杰，孙宪明．废橡胶粉改性沥青研究综述（1）［J］．石油沥青．2004，18（4）：1-4.

[95] 葛泽峰，薛永兵，苏深，李玉龙，李丰超．废旧轮胎橡胶改性沥青的研究进展［J］．公路与汽运，2014，164（5）：79-83＋150.

[96] Li Xiang, Jian Cheng, Guohe Que. Microstucture and performance of crumb rubber modified asphalt ［J］. Construction and Building Materials. 2009，23：3587-3589.

[97] 朱静，张初永．添加剂对煤沥青筑路油改质的影响［J］．燃料与化工，2000. 31（2）：97-100.

[98] Xue Y. B., Yang J. L., Liu ZH. Y., Wang ZH. Y., Li Y. M., Liu Z. H., Zhang Y. Zh., Heavy products from co-processing of FCC slurry and coal as bitumen modifier, Preprints of ACS, Fuel Chemistry Division, 2004, 49（1）：24-25.

[99] Xue Y. B., Yang J. L., Liu ZH. Y., Wang ZH. Y., Li Y. M., Liu Z. H, Zhang Y. Zh., Paving asphalt modifier from co-processing FCC slurry with coal, Catalysis Today, 2004, 98（2）：333-338.

[100] 沈金安，改性沥青与 SMA 路面．北京：人民交通出版社，1999.

[101] 张德勤，范耀华，师洪俊，石油沥青的生产与应用．北京：中国石化出版社，2001.

[102] 王翠红，王子军，黄伟祈，龙军，用 SHRP 手段评价国产沥青的性质，石油沥青，2003，17（4）：10-13.

[103] 杜月宗，赵可，基质沥青与改性沥青在 SHRP PG 分级实验中的不同表现，石油沥青，2003，17，增刊：100-105.

[104] 贾渝，王捷，Superpave 沥青胶结料性能等级（PG）选择，石油沥青，2003，17，增刊：5-7.

[105] 陈惠敏，石油沥青产品手册．北京：石油工业出版社，2001.

[106] 王志杰，煤油共处理制高等级道路沥青和油的研究，中科院山西煤化所，太原，2002.

[107] 汤林新，刘治军，王永森，虞勋忠．高等级公路路面耐久性．北京，人民交通出版社，1997.

[108] JTJ036-98，公路改性沥青路面施工技术规范．北京：人民交通出版社，1999.